リベラルアーツ
で学ぶ情報倫理

大学生が知っておきたいAIの基礎知識

藤田光治 著

ムイスリ出版

まえがき

　私たちは、たくさんの情報に触れる中で生活をしています。情報に触れない日は無いといっても過言ではありません。その中で情報とは何であるのかということや、現在の先端技術であるAI(人工知能)に関する基礎的な知識を知ることは、生活をしていく中で必須の知識となっています。

　この本は、リベラルアーツの観点から考えた情報の基礎的な知識からAIに関することをまとめた書籍となっております。また、それらの情報に触れる私たちが、日頃からどのようなことに気をつけて生活をし、どのようなことを考えながら情報を扱っていくかなどを理解するために、情報倫理についても取り扱っています。ぜひ、この本を手に取ってくださった方々が、日進月歩、めまぐるしい革新が続く情報の世界における知識のための入門書としてもらえることを願っております。

　また、この本を通して今後数年から数十年先にどのような情報革命が起き、自分たちがその技術に触れ、活用をしていかなければならないのかを、感じてもらえれば幸いです。

　ぜひ、AIに関する知識と情報倫理に関連する知識を習得し、実践的な活月をしてもらえればと考えております。

　また、情報とは何であるのか、AIとはなんなのだろうと疑問に思っている方は、この本を読み終わった後に、その真意が見えてくるのではないかと思います。ぜひ、楽しんで読み進めてください。

2025年2月

藤田光治

目　次

第 1 章　教養として学んでおきたい情報の基礎知識 ･････ 1
　1.1　これから必要となる情報の知識　　2
　1.2　対象となる情報とは　　2
　1.3　AI を知る　　3
　1.4　IoT とロボット　　4

第 2 章　知っておきたい情報倫理の基礎知識 ･･････････ 7
　2.1　そもそも倫理とは何か？　　8
　2.2　情報倫理とは？　　9
　2.3　情報倫理の原則　　9
　2.4　AI と情報倫理の関係性　　10
　2.5　責任ある AI の利用に向けて　　11
　2.6　各国の AI に対する考え方　　12
　2.7　AI が当たり前に使われる社会　　13

第 3 章　情報化社会と生活への変化 ････････････････ 15
　3.1　情報化社会　　16
　3.2　産業革命の歴史　　16
　3.3　第 4 次産業革命によって変わる社会　18
　3.4　Society5.0 とその歴史　　19
　3.5　Society5.0 の実現に向けて　　20
　3.6　データ駆動型社会の実現　　24
　3.7　インターネット上でのデータの注意点　　25
　3.8　データバイアスとアルゴリズムバイアス　　26
　3.9　情報の取捨選択の仕方や考え方　　27

3.10　情報の取捨選択のポイント　　28

第4章　情報化社会とセキュリティ　　31

　4.1　情報化社会における情報セキュリティ　32
　4.2　情報セキュリティの理解とその手法　34
　4.3　情報におけるデータ倫理　37
　4.4　データの悪用　38

第5章　AIの基礎知識　　41

　5.1　AIの歴史　42
　5.2　統計学と機械学習について　45
　5.3　ディープラーニングとは？　46
　5.4　私たちの生活に広がるAI　47
　5.5　AI社会原則について　48
　5.6　AIとビッグデータ　50
　5.7　特化型AIと汎用型AI　52
　5.8　AIにおけるデータの重要性　54
　5.9　AIにできること、できないこと　55

第6章　AIの活用　　59

　6.1　AIを活用することの重要性　60
　6.2　AIと人間の共生を考える　62
　6.3　生成AIの代表例　63
　6.4　さまざまな分野で活用されているAIの事例　67
　6.5　AIを活用したサービスや製品の事例　68
　6.6　AIを活用する上で気をつけることとは？　71

第 7 章　これからの AI について ・・・・・・・・・・・・・・・・・ 77
　　7.1　汎用人工知能(AGI)は実現するのか？　78
　　7.2　競争が激しい AI の世界　78
　　7.3　AI の未来　79
　　7.4　私たちがこれから考えることとは？　80

索　引 ・・・ 82
参考・引用文献 ・・・・・・・・・・・・・・・・・・・・・・・・・・・・・・・・・・・・・・ 86

本書に登場する製品名は、一般に各開発メーカーの商標または登録商標です。なお、本文中には™及び®マークは明記しておりません。

第1章

教養として学んでおきたい

情報の基礎知識

情報に関する基礎知識と
AI について触れてみよう！

1.1 これから必要となる情報の知識

　これからの時代、基礎的な情報の知識が常に求められます。また、これらの情報を活用しながら他者とコミュニケーションを行うことが必須となっています。従来は、アナログな方法でコミュニケーションを行っていましたが、電子的な方法による手法が発達し、一般化してきています。現在、情報のやり取りの仕方はさまざまな手法があります。例を挙げると、身近なところではソーシャルネットワーキングサービス（SNS）などもその一つです。みなさんも、この情報を活用したさまざまなサービスを身近に利用しながら相手とコミュニケーションを取っていることでしょう。私たちがこれから生きていく中で、この情報の知識は必須です。よって、この章では情報に関する基礎的な知識を理解していきます。

1.2 対象となる情報とは

　私たちは日頃から手軽に情報の伝達を行うことができます。その手法は、アナログなものからデジタルなものまで幅広くあります。少し前までは、手で字を書いて手紙やハガキなどで相手に伝えていましたが、現在はスマートフォンやPCで文字を入力し、メールやSNSなどを通して、相手に情報を送信しています。このように、多くの手段を使いながら私たちは生活し、活用しています。

　その中でもコンピュータやネットワークを通して情報を得たり、与えたりすることが現在は多くなっています。よって、これからの時代を考える上で、コンピュータやネットワークなどの使い方を中心に学ぶことは重要です。

　また、近年AI・ビッグデータ・IoTや高性能なロボットな

ど、情報技術の発展が、私たちの生活に密接に関係してきています。この本を通して、これらの用語を学ぶとともに、情報技術の現状と未来について考え、理解する必要があります。

1.3 AI を知る

最近、AI という言葉を日常的に見聞きするようになりました。AI は Artificial Intelligence の略で人工知能という意味です。AI は、さまざまなところで現在使われています。AI は人工物に知能を持たせ、人間などの生物が持っている知能を人工的に再現したものです。

また、私たちは身近なところで AI をすでに利用しています。例えば、スマートフォンに搭載されている音声対話機能や、お掃除ロボット、ネットショッピングでおすすめの商品が提案される機能や、運転手がいない状態で自動運転してくれるバスや車などです。これらを実現するためには多くの情報やデータが必要となります。データは数件や数百件、数千件という数ではなく、人間では数えきれないほどの膨大な量が必要です。そのデータを分析し、共通性を見つけます。この巨大なデータの集まりをビッグデータと呼びます。このビッグデータを使い、分析し、利用可能な結果などを導き出して活用する手法として行われているものが、データサイエンスといいます。データサイエンスによりビッグデータを分析し、必要な結果を活用し、さまざまな AI のサービスに含めていくことで、私たちは利便性の高いサービスを利用できています。

1.3.1 データサイエンスとは？

データサイエンスとは、数学や統計学、機械学習やプログ

ラミングといったさまざま理論を活用して大量に集めたデータの分析や解析を行い、その結果として有益な結果や洞察を見つけ出す学問のことを指します。

最近では、データサイエンティストという職業が生まれ、これらの作業を行うスペシャリストの人たちが該当します。データサイエンティストは、さまざまな知識や能力を必要とし、多くの企業や団体などでは、必須の人材です。これまでに蓄積されてきたビッグデータをどのように活用すれば良いかや、どうしたら企業に利益を生む指針を出すことができるかなどを考えるために必要な人材のため、非常に重要な仕事を担っています。

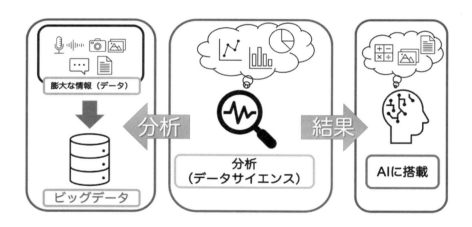

1.4 IoT とロボット

AIの発展に伴ってその他の情報技術も発展し、私たちの生活をより豊かにしてくれています。

代表的なものとして、IoT(Internet of Things)とロボットが挙げられます。IoT はモノとネットワークを繋ぐ技術として研

究・開発されてきました。その中でAIを組み合わせて自動でモノを動かしたり制御したりすることを実現しています。例えば自動運転の技術や、遠隔地にいても自宅の家電製品を動かすことができる技術などはIoTが使われています。

　次に、ロボットとAIの関係性についても説明します。ロボットは人間が持つ身体的な能力や知的能力を再現することで、限りなく人間のような姿・形を作り出すことができます。そのためには自ら学習し、考えて、自発的に物事を決断し行動してくれるロボットが必要です。AIを搭載することによって、今まで出来なかった多機能なロボットの実現や、人間にとって物理的に重労働な作業や危険な作業を代行してくれるものが開発されています。

　身近なところでは、ファミリーレストランなどで料理を運んでくれる配膳ロボットなどを皆さんも見かけることがあるのではないでしょうか。このようなロボットには人工知能が搭載されており、そこには人間が作り出した膨大なデータが分析され、配膳を効率的に行うために、そのデータが活用されています。この配膳ロボット一つを例に挙げてみても、本来なら人間が料理をお客様のところまで自分の足を使って運ばなければいけない作業を、ロボットが代行してくれるため、お店を営む側としては人的なコストを削減し、他の仕事を人間にさせることで、より密度の濃いサービスを提供することが可能になります。

　このように、それに伴う派生した情報技術の活用が必須となる時代が、まさに到来しているのです。

調べてみよう！

あなたが当たり前に使っているサービスやシステムにはどのような情報技術が使われているかを調べてみましょう！

【例えば・・・】

・オンラインショッピングの仕組みは？
・自動掃除ロボットはどうして
　勝手に部屋を掃除してくれるのか？
・写真加工アプリケーションの仕組みは
　どうなっているの？
　　〜さまざまな視点で調べてみよう！〜

第2章

知っておきたい情報倫理の基礎知識

> 情報倫理とは何かを知り、
> その考え方を知ろう！

2.1 そもそも倫理とは何か？

　この章では、情報倫理について簡単に説明をします。ですが、その前に倫理とは何かを理解してもらう必要があります。

　倫理とは、簡単に言えば何かをする際に、その行為や現状がなぜ正しいのか、間違っているのかと言えるのかについて、その理由を考えることです。そして、その正しいこと・間違っていることの基準や定義を考えることも重要なことです。

　倫理について一つ、事例を挙げて考えてみましょう。私たちは日頃からゴミを捨てます。その際に各都道府県や自治体によってゴミの分別の仕方が決まっており、指定された曜日に、指定された方法でそれぞれのゴミを捨てています。このゴミを分別して捨てるという行為は本当に正しいと言えるでしょうか？　もし正しいと言えるのであれば、それがなぜ正しいのかということを考えたり、ゴミを分別せずに捨てることは、なぜ間違ったことなのかということを考えたりすることが「倫理」として考えるということです。つまり私たちが当たり前のように「正しいこと」や「間違ったこと」と考えている物事ついて、なぜそのように言えるのかという理由や基準を少し立ち止まって考えてみるということです。

　これは、あくまで一例ですが、「ゴミを分別することは社会や地球という惑星に住む上で環境を守るために大切なことだから正しいこと」や、「ゴミを分別せずに捨ててしまうと、環境が破壊されてしまうから間違ったこと」だと定義すれば、「環境を守ることは正しい」という定義・基準となります。答えが明確にあるわけではないですが、自分自身の家族や友人・知人といった仲間と生きるために、それぞれのルールと理由を深く考えることが大切です。

2.2 情報倫理とは？

次に、情報倫理について説明します。現在の私たちの生活は情報に触れない日はないほど、常に情報に溢れています。手軽に情報を手に入れられるからこそ、情報に対する倫理を知っておくことが大切です。

情報倫理とは、情報やその技術を扱う上で、最低限守るべきことや道徳的な考え方のことを言います。

その中でも、プライバシーの保護や、知的財産権の保護、情報格差の解消や、誹謗中傷や不適切な情報の規制などが主な議論となる内容です。情報倫理とは、情報に触れないことはない現代において、他者をどのように尊重し、傷つけたり、権利を侵害せずに、各個人が情報を扱っていくかをルールやガイドラインを決めながら考えていくものです。

2.3 情報倫理の原則

次に情報倫理の原則について考えていきましょう。情報倫理の原則として、情報の自由さと知的財産権との関係が挙げられます。情報は常に誰もが送受信できることが大切ですが、その情報には知的財産権が含まれています。これらをどのようなバランスで扱うか、もしくは考えるかといった議論は常にされています。

また、これに付随して、多くの情報を自由に送受信できることと同じくらい、個人のプライバシーを守ってあげることも大切です。また、情報に触れる中でユーザ側のセキュリティが犯されることがあってはいけません。

そして、AI という革新的な情報技術の発展によって、そのシステムやサービスがどのように作られ、その過程において

利用する側のユーザに不利益がないかなどを考えたり、透明性の高い開発や研究をすることが重要です。
　こういったことも含めて、情報倫理における公平性と正義は何であるのかを考えることは、情報を発信する側も、受け取る側もとても大切なことです。

2.4　AIと情報倫理の関係性

　AIは私たちの生活をより豊かにし、利便性を高めてくれるものですが、さまざまな問題点も抱えています。その中でAIと情報倫理の関係性や重要性を考えていきましょう。
　AIの技術は、大量のデータを分析・解析することで学習し、構築されています。そのため、これらのデータには、私たちの個人情報やプライバシーに関係する情報も含まれてしまう可能性があります。また、これらのデータをAIのシステムやサービスに活用する際に、ユーザ側の同意が正しく取れているかなどの問題も発生してしまいます。つまりは、AIの技術を発展させていくための過程は、私たちの個人情報やプライバシーといった個別の情報のデータを積み上げることで作り上げることができるのです。そのため、これらの扱い方や考え方は、世界中で議論がされています。そういった意味でも、情報倫理の視点で考えることは非常に重要です。
　また、別な視点でも考えてみましょう。今後、ますますAIの技術が発展していくと、さまざまな意思決定をAIによって行っていくことが考えられます。身近な例を挙げれば、ユーザ側が就職活動中だった場合に、対話型のAI(ChatGPTなどの生成AI)に、自分の興味があることや、将来性、待遇などの条件を入力し、それに対して合致した企業を生成してもらったと仮定します。その場合に、AIが入力された内容に対して

ユーザに生成した結果の決定プロセスや、AIがどのようにしてその問題や課題を計算したり思考や手順を行ったかなどは不透明な状態です。そのため、AIの仕組みや構造を知ることは、情報の正誤を判断することにつながります。今後、AIのさらなる発展が予想されますが、利用するユーザ、企業、団体、国、そして世界で、このような問題点や課題を議論していく必要があります。

2.5 責任あるAIの利用に向けて

　ここでは、AIを利用する上での責任について考えていきましょう。主に開発者側の視点で考えた場合のAIに対する責任を考えていきます。

　はじめに、AIの技術開発には高度な演算処理が必要なため大規模なサーバが必要になります。そのためサーバが消費する電力が問題となっています。このエネルギー問題については環境にどのように配慮するかなどが重要です。また、ユーザ側にどのような需要があるのかなどをきちんと調査し、そのためのAIサービスを開発することが求められます。加えて、このような開発段階では、利害関係者が存在します。そのため、多くの個人や団体を含めた人達が意思決定に参画することが重要です。

　次に、個人のプライバシーとデータの保護をきちんと行うことが求められます。不正アクセスなどの外部攻撃に対してセキュリティを高めることも求められます。また、AIの技術発展によって誤った情報が作られてしまい、誤った情報や偽の情報を作られてしまう可能性があります。最近では、2016年の熊本地震の際には、動物園からライオンが逃げたといった偽の情報がSNSなどを通して拡散されるといった事例があ

りました。このような情報に対して、ユーザ側の意思決定に影響をおよぼしたり、誤解を生まないためにも、対抗する技術や教育が必要になります。

次に AI を開発する中でデータの収集方法などに公平性のない形や偏ったデータの収集がされてしまうと、バイアスのかかったシステムやサービスが開発されてしまいます。具体例として、2018 年に Amazon が開発した人材採用システムで、性別によって評価の差が出ることが認められ、使用を中止する事態となりました[1]。このように、バイアスがかかった状態による人種や差別など公平性が保たれない AI の開発がされないように気をつける必要があります。AI が決定するプロセスに対する手法や手順などを開示できる環境を整え、透明性があり、誰もが安心できる AI の開発が求められています。

2.6 各国の AI に対する考え方

2.6.1 日本の考え方

日本は、Society5.0 というビジョンを掲げており、それに沿って AI を含む高度な技術を活用した社会のさまざまな問題の解決と成長をするために技術開発がされています。国や企業が他国と協力を行い、持続性の高い社会を目指して AI を活用しています。また国が AI 制度に関する考え方として、「AI 事業者ガイドライン」[2]というものを定義し、開発における指針を明示しています。

2.6.2 ヨーロッパの考え方

ヨーロッパ（EU：欧州連合）では、人権などの観点から AI

については、全体的に規制を行っています。個人の自由やプライバシー、データを保護する権利に関して利便性や利益と、リスクのバランスを整えるために規制を作っています。

　EUでは一般データ保護規則（GDPR）がプライバシーの保護を行う上で重要な規制となっており、人々の人権や個人情報等を守るものとなっています[3]。またAI法案を作成し、開発におけるリスクや罰則を定めています[4]。このようにヨーロッパでは、法的規制のもとにAIの開発やサービスを提供できるようにしています。

2.6.3　アメリカの考え方

　アメリカでは、AIの技術革新を高めることと規制を行うことの両方のバランスを取りながら開発が行われています。AIによるイノベーションを促進させることを行いつつも、開発事業者には自主的な規律を遵守するように指示し、既存の法律を活用しながらリスクへのバランスを保っています。

　また、アメリカは世界のAI開発においてグローバルリーダーシップを担うために、世界共通のAIに関する認識や価値を共有し、協力をすることが期待されています。

2.7　AIが当たり前に使われる社会

　これからに、当たり前にAIが私たちの生活の中で利用されていきます。そのような中で、AIを作る側も、使う側も情報倫理の観点から、正しい利用や情報リテラシーが必要になってくる時代です。利便性が高いからこそ、自ら考えて、正しい情報の取捨選択を行えるようにしましょう。

考えてみよう！

AIの革新的な開発を行う中で、あなたはどちらを先に行うことが大切だと思いますか？

・・・・・・・・・・・・・・・・・・・・・・・

研究開発することが優先！

規則やガイドラインを定めることが優先！

身近な人達と議論をしてみよう！

第3章

情報化社会と生活への変化

情報化社会とは何かを理解し、私たちの社会や生活にどのような変化が起こっているのかを理解しましょう！

3.1 情報化社会

　私たちは、情報に触れないことがない日常を送っています。だれもがスマートフォンを持ち、すぐに情報に触れることが可能になりました。その中で、情報技術の発展は日々起きています。最近では、5G や AI、ビットコインなどの仮想通貨などの技術にも使われているブロックチェーン[i]や IoT などなど、さまざまな技術革新によって作られた言葉や技術があります。これらは、私たちの生活の利便性を高めてくれるものであり、世の中で普及しています。このような、情報技術によって、情報がさまざまなモノやコトと同じような価値を持っており、これらを中心として機能する社会を情報化社会と呼びます。情報化社会によって、インターネット、メディア、電子決済など、あらゆる情報が価値を持ち、グローバルな視点で社会が機能しています。

3.2 産業革命の歴史

　現在のような情報化社会になるまでには、産業の発展が影響を及ぼしていました。そこで、この節では過去から現在までの産業の歴史を振り返り、どのようにして現在の情報化社会に至ったのかを理解していきましょう。

　第 1 次産業革命は、産業が大きく変わった時期のことを指します。これは約 200 年前、18 世紀から 19 世紀にかけて起こりました。そのとき、人々が手動で行なっていた作業に、

---

[i] ブロックチェーンは、暗号技術を使って情報の「ブロック」を時系列に連結する仕組みです。分散型台帳とも呼ばれ、各ブロックには前のブロックの情報が含まれており、全員がネットワーク上で共有・確認できるため、改ざんが非常に難しく、データの信頼性や透明性を高める仕組みとして知られています。安全な取引記録や契約管理に利用されています。

機械が使われるようになりました。例えば、農業であれば、農作業をするのに馬や牛の力を使っていましたが、蒸気機関が発明され、農業機械が使われるようになりました。これによって、一人でもたくさん畑を耕すことができるようになりました。また、工場での仕事も大きく変わり、綿を紡ぐ工場では、手動で行なっていましたが、蒸気エンジンを使った紡績機が使われるようになり、糸をたくさん早く作ることができるようになりました。

次に第2次産業革命ですが、20世紀初頭に電気や石油などの新しいエネルギー源が使われ、工場での生産が大幅に進化しました。電気は、より安全で使いやすい上に、機械を動かすのにとても便利であったため、工場の中での作業がとても効率的になりました。石油は燃料として使われ、さまざまな機械や車を動かすのに欠かせないものとなりました。これが、第2次産業革命です。

その後、第3次産業革命となります。1970年代初頭は、コンピュータやインターネットなどの技術が登場し、情報のやり取りがとても速くなりました。

それまでは、情報を伝えたり、商品を売ったりするときには、手紙や電話などの方法が使われていました。第3次産業革命では、コンピュータやインターネットが普及し、情報を瞬時に送ったり、世界中の人とつながったりできるようになりました。そして、インターネットを使ってオンラインショッピングをすることができたり、コンピュータを使って、文章を書いたり、計算したりすることができるようになり、仕事がとても効率的になりました。このような産業の歴史的な背景があり、現在のモノと人、デジタルと人の融合を目指す第4次産業革命が構成されています。第4次産業革命では、医療や情報通信、教育などのサービスがコンピュータにより

自動化し、飛躍的に生産性を向上させ、効率化が図られることを目指しています[5]。

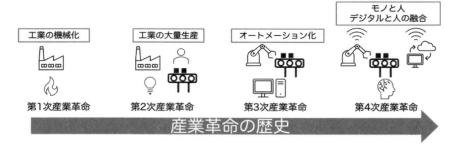

3.3 第4次産業革命によって変わる社会

第4次産業革命では次のようなものを使って目指しています[6]。

1つ目は IoT やビッグデータの利用です。さまざまな情報がデータ化され、それらをネットワークでつなげてまとめ、これらを解析・利用し、新たな付加価値が生み出されることを目指しています。これにより、ヒトとモノが繋がり、あらゆるものが情報技術を活用してつながります。

2つ目は、AI の活用です。AI によって、人の判断や作業が必要な業務を、コンピュータが代行してくれます。また、人間がコンピュータに何かを教えるのではなく、コンピュータが自ら学習し、一定の判断を行うことが可能となります。このような技術を活用して、あらゆるモノやコトの生産を、オートメーション化と AI による自動判定によって向上させ、効率化させることができます。

これらの技術を活用し、AI が人に変わって仕事を代行し、医療や健康、教育など多岐にわたる分野でサービスを向上させていくことを目指しています。

3.4 Society5.0とその歴史

　次にSociety5.0という言葉について説明をしていきます。Society5.0とは内閣府が以下のように提唱しています。

"サイバー空間とフィジカル空間を高度に融合させたシステムにより、経済発展と社会的課題の解決を両立する人間中心の社会" [7]

　では、このSociety5.0に至るまでにはどのような歴史があったのかを最初に振り返ってみましょう。
　そもそも、Society 1.0とは、人間が狩りなどをして食べるものを得ていた狩猟社会です。そして、人間は農業を発明し、農耕社会となるSociety2.0の時代となりました。次に、石炭や電気の発明によって工業が発展していき、工業社会となるSociety 3.0が確立されました。その後、情報技術の発展によって情報化社会となったSociety 4.0という歴史があります。そして、それらをさらに向上させた、人・モノ・情報を連動させる新たな時代がSociety 5.0です。
　現在提唱されているSociety5.0の中にはサイバー空間とフィジカル空間の融合という文言がありますが、サイバー空間とは、仮想空間のことで、皆さんもVR(バーチャルリアリティ）などのサービスなどが身近で知っているものかと思います。最近ではヘッドマウントディスプレイを装着し、ゲームや、仮想現実の世界を体験できるものもあります。
　次に、フィジカル空間とは私たちが生活している現実世界を指します。これら、仮想空間と現実世界を連携させて、AIやロボット、ビッグデータとIoTなどの活用で、経済を発展させ、社会における課題を解決していこうというものです。

つまりは、すべてのモノ・人・情報をつなぎ、経済発展と社会課題の解決を目指すことです。日本においての第6期科学技術・イノベーション基本計画では、目指すべきSociety 5.0の未来社会像を以下のように表現しています。

"持続可能性と強靱性を備え、国民の安全と安心を確保するとともに、一人ひとりが多様な幸せ（well-being）を実現できる社会" [7]

このような将来像を描きながら国が主導となってSociety5.0の実現を行なっています。

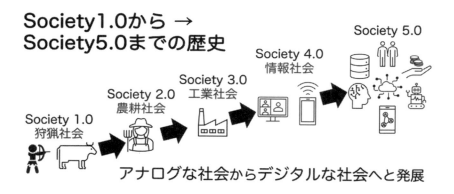

3.5 Society5.0の実現に向けて

日本では、Society5.0の実現に向けて、国が主導となって、高度な科学技術の実現とイノベーション政策を実施しています。具体的には、戦略的イノベーション創造プログラム（SIP）、研究開発とSociety 5.0 との橋渡しプログラム（BRIDGE）、ム

ーンショット型研究開発制度や、スマートシティ、総合知、教育・人材育成です。

3.5.1 戦略的イノベーション創造プログラム（SIP）

　戦略的イノベーション創造プログラムは、社会課題の解決や経済・産業協力にとって重要な課題を設定し、研究開発を推進しているプログラムです。このプログラムでは、基礎研究から社会実装まで幅広い研究開発がされています。2025年2月の段階で、このプログラムは第3期まで実施されており、14の課題が取り組まれています。食や医療・エネルギーなど現代において次の新しい社会の実現に向けた高度な研究開発が現在も行われています[8]。

3.5.2 研究開発とSociety 5.0との橋渡しプログラム（BRIDGE）

　こちらの施策は、総合的な科学技術やイノベーション政策に基づいて、重点課題として設定された研究開発を行うとともに、その研究を社会のさまざまな課題解決に活用していこうという取り組みです[9]。

　具体的には、革新技術による社会課題解決や新事業創出の推進につながる「重点課題」を行う研究開発型と、事業環境整備、スタートアップ創出、人材育成を促進するシステム型があります。戦略的イノベーション創造プログラム（SIP）との一体的な運用を推進しており、研究開発とSociety 5.0の実現に向けた橋渡しを実施することを目的としています。

3.5.3 ムーンショット型研究開発制度

　ムーンショット[i]とは、壮大な目標を指す言葉で、この研究開発制度は、主に 10 個のイノベーションを目的として挑戦的な研究開発を推進するプログラムを指します[10]。10 個の目標は、以下の通りです。

【目標1】身体、脳、空間、時間の制約からの解放の実現
【目標2】疾患の超早期予測・予防の実現
【目標3】自ら学習し人と共生する AI ロボットの実現
【目標4】地球環境の再生に向けた実現
【目標5】食と農業における持続可能な食糧供給産業の算出
【目標6】経済・産業・安全保障を飛躍的に発展させる誤り耐性型汎用量子コンピュータを実現
【目標7】健康不安なく人生を楽しむためのサステイナブルな医療・介護システムを実現
【目標8】気象制御による極端風水害の軽減
【目標9】こころの安らぎや活力を増大することで、精神的に豊かで躍動的な社会を実現
【目標10】フュージョンエネルギーの多面的な活用の実現

　以上の 10 項目が掲げられています。どの項目においても大規模で挑戦的な研究が実施されています。このような目標や内容を初めて知った人や、それぞれの項目に関する知識が不足していると、荒唐無稽に聞こえてしまう目標や内容があ

---

[i] ムーンショットとは、1961 年にアポロ計画によって、月面に人類を着陸させるという、当時としては実現困難で壮大な計画を実現したことから由来した言葉です。現在では、非常に難しいが実現したら多大な恩恵や効果が期待できる研究や開発などのプロジェクトにつけられます。

るかもしれません。ですが、これらを実現するために日々多くの研究者が取り組んでいます。

これらは、2050年までを目標に、AI や IoT およびビッグデータや、日進月歩進化し続ける情報技術を活用し、Society5.0 の実現に向けて実施されています。

3.5.4 スマートシティ

スマートシティとは、都市や地方などで抱えている問題の解決や新しい価値を創出することを目的に、先端技術やデータを活用しながら、社会や経済、環境において長期的により良いサービスや生活の質を提供する都市や地域を指します[11]。スマートシティの実現にあたっては、国がどのようなスマートシティを目標としているのかといった指針を示し、スマートシティ官民連携プラットフォームというものを立ち上げ、実現に向けた支援を行っています。このスマートシティの実現にも AI などの高度な情報技術の活用が必要となっています。これからの時代は、都市や地域に限らず、私たちがどのように先端技術を活用または応用して、よりよい生活をすることができるのかを考えながら街づくりをしていくことで、それが近隣に広がり、最終的には大規模な範囲でデータやシステムなどが連動した利便性の高い生活を実現できるようになるかもしれません。

3.5.5 総合知

科学的な技術の発展や、イノベーションによる社会課題の解決や Society5.0 の実現には、多岐にわたる分野をまとめて活用していくことが重要です。それらをどのように活用するかを定めた取り組みとして、総合知の基本的な考え方や推進

方針を決めたり、有識者による議論や、ワークショップを開催するなどして活用事例や活用方法を検討し、提示しています[12]。これらの多岐にわたる多くの知識や情報、モノやコトを集約することで、今の社会で実現できていない新しい発見や革新を起こすことができるかもしれません。

3.5.6 教育・人材育成

最後に、教育・人材育成については、多様な生徒や学生に向けて情報技術を活用した授業展開を実施していくというものです。

2019年12月初旬ごろからCOVID-19が世界的に流行しました。その中で実施されたオンライン学習のように、時間や空間といった制約の負担を減らし、受講者に統一した学習を与えることを政府は目指しています[13]。Society5.0の実現に向けて実施されている内容は多くありますが、今後の日本または世界では、情報やデジタル空間とヒトとの融合が重要な鍵となっていきます。

3.6 データ駆動型社会の実現

ここまで、第4次産業革命とSociety5.0について説明し、今後実現しようとしている内容について触れてきました。それらを実現する上での重要な課題として、データの活用が挙げられます。いままで、私たちがインターネットなどを通して利用してきた履歴がデータとして膨大に残されていましたが、その数の多さからデータを処理することの困難さがありました。しかしながら、AIなどを活用した機械学習などにより、これらのデータが膨大であっても処理をすることができ

るようになり、学習させたデータから得た情報を活用することができるようになりました。この膨大なデータを活用し、解析して社会に役立てる取り組みのことを、データ駆動型社会といいます。主に、アプリケーションやシステムなどのサービスにおける利用履歴から、音楽や映像、画像といったメディアなど、さまざまなものをデータとして扱います。これらのデータをビッグデータといいます。そして、このビッグデータを分析することを、データサイエンスといいます。そして、分析した結果が AI などのサービスに活用されています。さらに発展的なものとしては、これらの一連の行動を AI が自主的に学習し分析して、活用してくれるところまで情報技術の発展が広がっています。

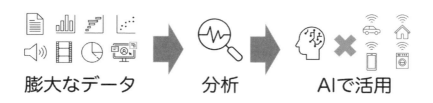

3.7 インターネット上でのデータの注意点

　私たちの日常は、情報やデータがたくさん発信されています。その中で、データを取り扱う場合には注意が必要です。さきほど説明した第 4 次産業革命や Society5.0、そしてデータ駆動型社会では、データをうまく活用して、社会を発展させることを目指しています。しかし、そのデータ自体が、誤っている可能性や、故意に悪意のあるデータが混ざっている可能性もあります。自分自身が、データを活用するときには、そのデータをどのようにして集め、データに偏りがないか、

データの信憑性はどの程度あるのかなども確認する必要があります。

3.8 データバイアスとアルゴリズムバイアス

3.8.1 データバイアスとは？

　次に、データバイアスという言葉について説明します。データ駆動型社会などでは、データを集めて分析し、活用することが期待されます。また、AI などのサービスやシステムを作る際にも、同様の作業が必要となります。このときに、間違った識別がされているものや、差別や偏見のあるデータを多く集めてしまうと、データに偏りが発生してしまいます。このようなことをデータバイアスといいます。誰にとっても平等な結果を出力してほしいと思っていても、データバイアスによって、公平性のない結果を出力する可能性のあるサービスやシステムが作られてしまいます。質の高い AI を開発するには、質の高いデータが必要です。また、同じようなデータや、集めやすいデータだけではいけません。多種多様なデータを膨大に集めることが必要です。そのため AI などのサービスを提供する場合は数件〜数千件のデータでは足りません。数万件でもデータを分析するためにはまだまだ不足しています。人間が手作業では解析できないほどの膨大な件数のデータを集めることが理想的です。

3.8.2 アルゴリズムバイアスとは？

　データバイアスによって公平性のない出力が出されてしまう AI サービスやシステムによって、人種や年齢、ジェンダーにおいて偏りが出てしまうことをアルゴリズムバイアスとい

います。この代表的な事例として、Amazon が開発した履歴書をチェックする AI システムにおいて、女性が不利益を被る問題や [1]、Google の画像認識アルゴリズムでは、人種による顔相の違いから、特定の顔に対してゴリラと認識するなどの問題が起こりました [1]。これは、あくまで一例であり、AI への学習のさせ方やデータの集め方によっては、このようなアルゴリズムバイアスが発生し、対象となる人に大きな影響を与えてしまいます。このようなことが起きないように、課題解決のための研究も日々行われています。

3.9 情報の取捨選択の仕方や考え方

　私たちは、情報技術によって作られたサービスやシステムから発信された情報を得ることが多くあります。ここでは、その情報を得た際の、取り扱い方と取捨選択の仕方や考え方を説明していきます。

　私たちの生活には情報があふれており、特にインターネット上には情報が飽和状態になっています。その中で、私たちは、その情報の取捨選択を適切に行わなければいけません。

　例えば、ある情報を得た場合は、その情報に類似する情報を複数箇所で確認することや、その情報元がどこからなのか、出典元などを確認し、一方通行な情報の取得をしないことなど、客観的な情報の理解と判断がこの時代には重要になっています。皆さんも、SNS などで話題になっているニュースなどが、実は悪意のあるユーザによって作られた嘘の情報であったということを経験したことがあるのではないでしょうか。情報が飽和状態である現代だからこそ、個人個人が自身の頭で考えて、情報の正確性を判断する能力が重要になっています。

3.10　情報の取捨選択のポイント

　ここでは、情報を取捨選択するためのポイントを簡単に説明していきます。

　1つ目は、情報の出所や、出典元などを確認することです。何か情報を閲覧した際に、その情報は誰がいつ、どこから発信しているものなのかを確かめる習慣をつけましょう。情報の出所が不明瞭なものや、一個人の情報であった場合に、何をもって絶対的な情報であると確証させるかを考える必要があります。たとえば、公的なメディアから発信されているなどの場合は、ある程度、情報の信憑性が担保されます。必ず情報の出所や、出典元を確認するようにしましょう。

　2つ目は、取得した情報に類似した他の情報を複数箇所で確認し、情報の正確性を判断することです。どうしても、私たちは日頃からSNSやニュースサイトから得る情報に興味・関心があればあるほど、その発信された情報だけを見聞きして、情報の正確性を判断してしまいます。日頃から、情報を得た場合は、その情報の信憑性を高めるために、他の媒体や他の類似する情報を複数検索して確認をすることが必要です。

このようなダブルチェックやトリプルチェックを行うことで、各情報の統一性や、差分を判断して、より正確な情報を得るようにしましょう。
　３つ目は、グローバルな視点で情報を調べることです。私たちは、特殊な事情がない限り、基本的には日本語を使い生活しています。しかしながら、世界では英語が主流の言語であり、多くのテレビ・新聞などのメディアは英語での情報発信を必ず行っています。日本で起きた情報であれば、日本語での情報が情報の信憑性や精度が高くなるかもしれませんが、日本以外で起きた出来事は、英語などの他言語で発信され、それを日本語に翻訳した内容が私たちに伝達されています。また、それら翻訳する中で、本来の情報との相違が発生したり、日本と他国では情報の内容に大きな違いがあったり、場合によっては、日本では報道されていない情報などもあります。
　このような観点からも情報を取捨選択するなかで、他言語による情報の確認や収集も重要です。これらのことを意識しながら、私たちの生活で有り余る情報の取捨選択をしていきましょう。

調べてみよう！

Q

Society5.0はどのような未来を実現するのかを具体的に調べてみよう！

【調べ方のポイント！】

・自分自身の住んでいる地域がどのように変化していくことが考えられるのか？
・情報技術がどのように生活に連動して使われていくのか？
・具体的な研究・開発は何がなされているのだろうか？

第4章

情報化社会とセキュリティ

情報化社会によって私たちが考えなければ
ならないセキュリティについて理解をし、
利用する際の注意点を確認しましょう！

4.1 情報化社会における情報セキュリティ

　情報化社会によって、私たちの生活は便利になりました。しかしながら、その一方で私たちの生活に脅威をもたらす場合もあります。それらの脅威について理解し、自分自身がどのように考え、対策を行なっていくかを本章では学びましょう。

　今の時代、私たちはインターネットを通じてたくさんの情報に触れることができます。これにより生活が便利になりますが、危険もあります。例えば、インターネット上で自分の情報をうっかり漏らしてしまい、個人情報が流出することがあります。また、悪意のある第三者が他者のホームページに勝手に入り込んで内容を変更したり、システムにたくさんのアクセスをして停止させることがあります。さらに、インターネットを使うことでウイルスに感染することもあります。私たちは、これらの危険があることを理解し、情報の安全を守るために対策を行うことが大切です。そのために情報化社会における情報セキュリティを正しく理解することが重要です。

具体的には、個人情報を守ること、ウイルスに注意すること、パスワードを強固なものにすること、怪しいサイトやリンクをクリックしないこと、そして使っているソフトウェアを常に更新することを常に心がけてください。
　また、みなさんが仕事をするとき、会社の大事な情報を守ることがとても大切です。そのためには、次の3つの言葉を覚えておきましょう。

- 機密性
- 完全性
- 可用性

　機密性とは、情報を見てもいい人だけが見られるようにすることです。特定の情報を許可された人だけがアクセスできるようにして、情報が漏えいしたり、不正に利用されたりしないようにします。方法として、パスワードで保護することや、システムへのアクセス制御、暗号化やシステムの監査とアクセスログ記録などが挙げられます。
　次に、完全性です。完全性とは、情報が正しく壊れていないことです。これにより、情報が信頼できるものであることが保証されます。完全性を保つための具体的な対策は、データの検証と検査、アクセス制御、システムのバージョン管理、デジタル署名、システムのバックアップとリカバリが挙げられます。
　最後に、可用性です。情報やシステムが使いたいときに使えることです。これは、ビジネスの継続性と効率を確保するために非常に重要です。可用性を保つための具体的な対策は、システムが常に使えるように維持することや、定期的なシステムのメンテナンス、災害が起きた場合の復旧計画、モニタ

リングとアラートの設定、複数のサーバ運用による故障時の持続的なシステム稼働が挙げられます。これらの3つのポイントを守ることで、会社や組織は大事な情報を安全に保つことができます。これを覚えておいて、将来の仕事で役立ててください。

4.2 情報セキュリティの理解とその手法

次に情報セキュリティにおいてどのようにして情報を守っていくのかを考えてみましょう。具体的な手法を主に3つ挙げていきます。匿名加工情報、暗号化、パスワード、この3つが大切な要素です。こちらの内容から、情報セキュリティに関するリテラシーの向上と、理解を深めていきましょう。そして、悪意のある情報の搾取などから自分の身を守りましょう。

4.2.1 匿名加工情報

匿名加工情報とは、誰の情報かわからないように個人情報を加工したものです。これによって、その人を特定できなく

なります。また、復元もできなくなります。

　具体的には、次のようなことをします。1つ目が、個人情報の削除です。名前や住所など、その人が誰かを特定できる情報を消します。2つ目が重要な個人識別番号などの削除です。マイナンバーカードの番号など、個人を特定できるデータを削除します。3つ目が、特別な情報の削除です。その人が持つ特有の情報を削除します。例えば、特別な病気などの情報です。これらをしっかりと行うことで、安全にデータを扱うことができます。

4.2.2　暗号化

　暗号化とは、データの内容を他人には分からなくするための方法です。たとえば、パスワードを使うとき、そのままの文字でコンピュータに保存されると危険です。誰かが簡単にそのパスワードを盗めてしまいます。そのため、パスワードなどは「暗号化」して保存されます。暗号化されると、パスワードは別の意味不明な文字の並びに変わり、誰にも分からなくなります。例えば、友達に「こんにちは」と言いたいとき、そのまま伝えると、誰でも理解できてしまいます。しかしながら、「こんにちは」を特別な手法で変換することで「A1B2C3」と変えれば、自分と友達だけがその意味を知ることができます。これが暗号化です。

　最近では、ネットショッピングなどでインターネットから手軽にオンラインショッピングができますが、その際にクレジットカードなどの番号やセキュリティ番号などを入力するかと思います。これらの情報が不正にアクセスをされてしまうと、その情報が抜かれてしまうので、暗号化をする必要があります。

次に、暗号化の仕組みを説明したいと思います。元のデータ（たとえば「1234-5678-90000」）を暗号のシステムを使って暗号化するとします。このとき「暗号鍵」と呼ばれる特別なデータを使います。暗号化すると、「1234-5678-90000」が「6yA5-zZt1-J3qx7」のような意味不明なデータになります。暗号化されたデータは、同じように暗号のシステムを使い、元のデータに戻します。これを復号と呼びます。この際に暗号化の時と同じように復号鍵を使って行います。この一連の流れからもわかるように、暗号化をするときに使う暗号鍵が非常に重要な役割を果たします。この鍵が他の人に知られてしまうと、暗号化したデータが読まれてしまいます。だから、暗号鍵は他の人に渡さないように、しっかり管理しなければなりません。

4.2.3 パスワード

パスワードは皆さんが自分で決めて作成し、管理するものです。このパスワードが他人に渡ってしまうと、不正なアクセスをされて、個人情報が漏れてしまうことがあります。最近では、SNSのアカウントが乗っ取られ、意図しない投稿がされることもあります。こうしたことを防ぐために、安全なパスワードの作成、保管、管理が重要です。まず、パスワードの作成については、他人に推測されにくく、ツールでも割り出しにくいものを設定しましょう。長くてランダムな英数字の組み合わせが理想です。よくない例として「0000」や「1111」、自分の誕生日などは、安全なパスワードとは言えません。

次に、パスワードの保管と管理です。こちらは、他人に知られないようにしつつ、自分でも忘れないように管理しまし

ょう。メモを作成する場合、それが他人に見られないように、厳重に保管しましょう。例えば、肌身離さず持ち歩くなどの工夫が必要です。

　最後に、とても重要なことですが、複数のサイトで同じパスワードを使い回すのは、非常に危険です。それぞれのサイトで異なるパスワードを設定しましょう。あるサービスから流出したパスワードを使って、他のサービスに不正ログインされることがあります。これらの、パスワードの作成、保管、管理をしっかり行うことで、安全性を高めることができます。パスワードの管理には、信頼できるサービスを使うことも一つの方法です。ぜひ、自分のパスワードをしっかりと管理してください。

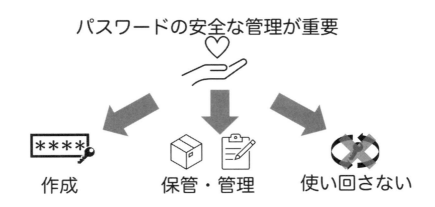

4.3　情報におけるデータ倫理

　近年、AIを使ったサービスやシステムが活発に開発されています。これらのシステムは、たくさんのデータを集める必要があります。そのデータは、ユーザの利用履歴やインター

ネット上の膨大な情報から収集されます。こうした大量のデータを扱う上で、守らなければならない倫理的な問題があります。それは、データの収集、共有、利用によって、人や社会へ負の影響を与える有無を考えるものです。プライバシーの保護や、透明性の確保、公平性と偏りの排除が重要です。たとえば、機械学習では、私たちの個人情報がユーザーの意図とは反してサービス提供側に利用されることが問題となっています。こうした背景から、データにおける倫理が近年重要視されています。このように、現代の情報化社会において私たちのデータの提供とその利用のあり方を考えることがデータ倫理です。私たちは、これから多くのデータを扱い、それらのデータから情報を得る機会が増えます。データ倫理を理解し、適切な情報の提供と取得を行うことが重要です。

4.4 データの悪用

次に、データ倫理を考える上で、データの扱い方についてもきちんと理解しましょう。データを扱う中で気を付けるべきことついて説明します。

4.4.1 データのねつ造

データのねつ造とは、存在しないデータや結果を作り出すことです。データはユーザの同意のもとで取得しますが、それがデータを集めて調査をする側にとって不利益な結果だった場合に、まるで有利な結果が出たかのように作り変える行為がねつ造です。これはデータ倫理の観点からも絶対に許されないことであり、明らかな不正行為です。たとえ不利益な結果が出たとしても、データをねつ造することは絶対にやめ

ましょう。正確で誠実なデータの取り扱いが、信頼を築くために重要です。

4.4.2 データの改ざん

データの改ざんとは、文書や記録などを無断で修正し、変更を加えることです。改ざんの対象は、そのデータの一部または全部です。データを改ざんすると、改ざんされた側は信頼を失い、経済的な損失を受けることがあります。具体的な例としては、ウェブサイトの内容を勝手に書き換えることなどが挙げられます。このような改ざんを防ぐために、適切な対策が必要です。例えば、システムなどのアクセス権限の管理や変更履歴の記録などが有効です。

4.4.3 データの盗用

データの盗用とは、他の人が作成したデータの結果や分析方法などを、本人の許可なしに使用し、不適切な方法で使うことです。ウェブサイトに掲載されている結果も同様です。データを使う場合は、そのデータを何から引用したのかをきちんと記載する必要があります。まずは、そのデータを引用しても良いかどうかを確認することが重要です。具体例として、ウェブサイトに載っている調査結果やグラフを、自分のレポートやプレゼンテーションに使う場合は、出典を明記しなければなりません。データの盗用は、他人の努力や知識を不正に利用することです。正しい手順を守り、他人のデータを尊重しましょう。

調べてみよう！

私たちは Web サービスやアプリケーションでパスワードを設定しています。そのパスワードはどのようなものが多く使われているのでしょうか？

・・・・・・・・・・・・・・・・・・・・・・・・・・

【実際に検索してみよう！】

　パスワード　よく使われる　ランキング　🔍

あなたが使っているパスワードはありましたか？

第5章

AIの基礎知識

AIの歴史を学び、どのように発展してきたのか、どのような構造で作られているを理解しましょう！

5.1 AIの歴史

　AIとは、Artificial Intelligence の略で人工知能という意味です。現在も多くの研究者や技術者がAIを使ったサービスやモノを開発し、日々研究しています。そして、私たちは、AIが搭載されたサービスを使うことで、生活が便利になっています。

　このAIという言葉や概念はどのようにして生まれ、現在のような発展につながっているのでしょうか。その歴史を振り返ってみましょう。

5.1.1 第1次AIブームの到来

　1回目のAIブームの始まりを振り返ってみましょう。1回目はAI（人工知能）という言葉が生まれた時代です。AIの春といっても過言ではありません。このAIの誕生には、私たちが当たり前のように使っているコンピュータの誕生が関係しています。コンピュータが誕生したことにより、人間が行なっていたアナログな作業を、コンピュータに代行させて作業をさせられる、と考えられるようになりました。それらを実現する過程において、数学者であったアラン・チューリングとクロード・シャノンはコンピュータがチェスを自動でプレイすることができると考えました[14]。このような着眼点から、コンピュータに知能を持たせて人間のような頭脳を持たせることに世界中の研究者が関心を持ちはじめました。これが第1次AIブームにつながります[15]。

　そして、1956年にアメリカのダートマス大学で開催された研究発表会において、米国の学者であるジョン・マッカーシーが人間の脳に近い機能をもったプログラムのことを AI(人

工知能)と名付け、その言葉が使われるようになりました[15]。ここから AI の長い長い歴史が始まります。

AI と名付けられてから、多くの研究がなされました。この当時、AI ができることは、推論や探索といったことが可能になり、ある特定の課題に対して正解をみつけて提示することでした。

例として、当時行われていた研究では、AI を使用するとチェスなどのゲームや、数学の定理証明など、かなり狭い範囲に特化した問題を解くことができていました[15]。しかしながら、単純な問題が解ける AI は開発できても、複雑な問題を解くことができないことが障壁となり、第 1 次 AI ブームは終焉を迎えてしまいます。

5.1.2　第 2 次 AI ブームの到来

第 1 次 AI ブームが終息してしまい、冬の時代が到来してしまいます。しかし、1970 年代に「エキスパートシステム」と呼ばれる、人間が行う専門的な領域に特化した人工知能が開発されます。これをきっかけに世界中で第 2 次 AI ブームが始まりました。これにより、1980 年代から 1990 年代半ばには、各産業・各分野において、専門領域システムの開発が盛んにされるようになりました。エキスパートシステムの開発による AI ブームは日本も例外ではなく、多くの人とお金が投資されました。1983 年には日本ロボット学会が設立、1986 年に日本人工知能学会が設立されています。こうした開発には、研究者だけでなく、企業も注目し、人間が行なっていた作業を AI に代行させて、業務の効率化や専門的な仕事を代行させようと研究・開発が盛んに行なわれました。

しかしながら、この第 2 次 AI ブームも、やがて終息してしまいます。その理由としては、多くのエキスパートシステム

が開発されましたが、人間の代わりになるようなものは実現できなかったからです。第2次AIブームでは、第1次AIブームとは違い、複雑な問題であっても専門的な領域であれば課題解決をしてくれるのではないかと期待がされました。しかしながら、結果としてはかなり限られた領域では有効であるものの、幅広い領域では人間のようなAIは実現できませんでした。

この要因として、人間が本来持つ膨大な知識をAIに搭載するにあたり、あまりにもデータが不足していることが原因でした。このような知識をどうやって管理し、収集するかという障壁に阻まれて、AIへの期待も再び低下してしまいます。その結果、開発に投資されるお金も減少してしまいました。このようなことから第2次AIブームが終息してしまいます[15]。

5.1.3 第3次AIブームの到来から現在まで

第2次AIブームが終わってしまいましたが、研究者たちは、目指すべきAIの研究・開発を続けていました。そんな中、AIの分野で革新的な技術が生まれます。それはディープラーニングです。これは、機械学習における手法の一つで、深層学習とも呼ばれています。この技術が特に脚光を浴びたのは、2012年に行われた画像認識コンテストでした。このコンテストでディープラーニングという手法を使ったチームが、この手法を使っていないチームに、圧倒的な差をつけて優勝したことがきっかけとなっています。そこからディープラーニングは注目され、画像処理や自然言語処理といった分野の発展に大きく貢献しています。そして、人間の脳に関する仕組みを参考に、多層化された構造で学習させる画期的な機械学習の手法として確立しました。こうしたディープラーニングに

よって、複雑な判断が必要なものも人工知能によって処理できるようになりました。

　以前は、囲碁、将棋など、取った駒を再度使えるような複雑なゲームは、ディープラーニングの技術が出るまで、AIのシステムとして実装することが難しい現状でした。このような複雑で多くの選択肢がある将棋や囲碁といった完全情報ゲームには、AIは人間に勝てないと言われていました。しかし、2016年にはAlphaGoという囲碁のソフトウェアが当時のトッププロの囲碁棋士に勝利し、2017年にはPonanzaという将棋のソフトウェアが当時の将棋界のトップ棋士に勝利しました。これらの出来事は、世界に衝撃を与え、特化型のAIとしては人間の知能を超えていきました。このことから、ある特定の分野で、専門領域のAIは、人間よりも知能を超えて勝つことができるようになりました。

　このようなディープラーニングの登場により、世界中の企業や研究者達によって再びAIに関する研究が注目を浴び、盛んとなりました。これが、第3次AIブームのはじまりとなり、現在に至ります。

5.2　統計学と機械学習について

　AIに密接な関係があるものとして統計学が挙げられます。統計学は、データを解釈するための学問です。具体的には、得られたデータから傾向や規則性などを見つけ出すための学問といえます。一方で、AIの開発などでは機械学習という言葉がよく使われます。この機械学習というのは、データのパターンを見つけ出し、分類したり識別をしたり、予測を行う手法のことです。統計学も機械学習もデータを読み解くという点では一緒ですが、機械学習を行う上で使われている、ア

ルゴリズムといわれる問題を解決するための手順や考え方は、統計学がベースとなっているものもあります。AI 開発においては、データの識別や予測といったものは非常に重要なことですが、これまで多くの研究者が行ってきた統計学の手法が現在の革新的な技術革新につながり、活用されています。

5.3 ディープラーニングとは？

5.1 節や 5.2 節で説明したディープラーニングですが、これは機械学習の手法の一つで、深層学習ともいいます。人間の脳の仕組みを参考に、多層化させた構造で学習をさせる手法です。

この多層化構造には、入力層、中間層、出力層の 3 つがあります。二つ目の中間層では、入力されたデータをさまざまな計算や選別、変換を行い、出力層に渡します。この中間層が 2 層以上のものをディープラーニングと呼びます。この多層化された中間層では、人間の脳の神経細胞（ニューロン）のつながりを参考に作られたニューラルネットワークを使って学習を行っています。

これまでの機械学習は、識別や判断を行う特徴となるポイントを人間が検討する必要がありました。しかし、ディープラーニングは、多層化された中間層によって人間が検討していた特徴となるポイントを自ら抽出しながら学習を行うことができるようになりました。この手法によって AI に関する研究や開発はさらなる飛躍をすることができるようになりました。

5.4 私たちの生活に広がる AI

　私たちは、日常生活をしている中で、当たり前のように AI を活用しています。この章では、AI が私たちの生活の中でどのように広がり、何に使われているかを説明します。

　まず初めの事例として、私たちが生活する中でスマートフォンは必須の機器です。そのスマートフォンには多くの AI を活用した機能が搭載されています。その中でも代表的な事例として、音声対話による AI が挙げられます。Apple 社が開発した iPhone を使用している方であれば Siri という音声対話機能が搭載されていることを知っていると思います。自分自身が手で入力しなくても、声によって AI とやり取りをしながら、知りたい情報などを得ることができます。

　また、家電製品も同様に AI が使われています。自動で部屋を掃除してくれるロボットが代表的な事例の一つです。AI を搭載したことで、部屋の間取りを学習し、自動で掃除をしてくれます。特にこのような家電製品と AI を組み合わせて使う場合は、IoT という技術も活用されています。

　さらに身近なところでは、Amazon などのネットショッピングでも AI は使われています。例えば、ネットショッピングのサイトを開いた際にトップページにおすすめの商品が提案されることがあります。これは、利用しているユーザの履歴と他のユーザから得たデータから、最もそのユーザにとって購入する可能性が高いものなどを表示しています。このような大規模なデータを活用し、ユーザに合った内容の広告や商品を提示することができます。

　また、自動車の分野では、自動運転してくれるバスやタクシーなども実現しています。AI に運転時のさまざまなデータを学習させることで、人間がどのようなことに注意をして運

転し、どのような障害物を避けて運転すべきかなどをAIが自動で判定し、運転をすることができます。

最後に、ロボットの分野ではAIの台頭によって飛躍的な技術革新がされています。人間のように滑らかに会話をし、コミュニケーションができるロボットがどんどん増えてきています。最近では、ファミリーレストランなどで料理を運んでくれる配膳ロボットを皆さんも見かけることがあるのではないでしょうか。このようなロボットには人工知能が搭載されており、そこには人間が作り出した膨大なデータが分析され、活用されています。

ここで挙げた事例はあくまでも簡単なものですが、現在AIは多岐に渡る分野や業界で活用がされています。そして、私たちも、実は多くの場面でAIを使用し、より利便性の高い生活を送れています。

5.5 AI社会原則について

ここでは、AI社会原則について説明をします。AIは身近に活用ができる社会になりましたが、その一方で倫理面や問題が発生しないような対応も同時に求められています。そのために、各国や企業においてAI原則を協議してきました。日本も同様に掲げており、それがAI社会原則です[16]。日本の政府は2019年に「人間中心のAI社会原則」を公表しました。これをもとに、Society5.0の実現を行い、日本の経済や社会の課題を解決していこうと考えています。この人間中心のAI社会原則を留意するために基本原則として7つの項目が具体的に定められています。

1つ目が人間中心の原則です。AIは人間にとって有益であるべきで、人々の幸福や生活の質向上に貢献することを目指

します。AIは人間の価値や尊厳を尊重し、社会に良い影響を与えるために活用しようという考え方です。

2つ目が教育・リテラシーの原則です。AIに関する知識やスキルを広く普及させることが大切で、AI技術を適切に理解し、活用するためのリテラシーを学ぶことで、誰もがAIについての理解を深め、安全に利用できることを目指します。

3つ目がプライバシー保護の原則です。AIによる個人情報の利用が、プライバシーを侵害しないよう配慮する必要があるということです。個人の情報が適切に管理され、データの悪用や不正アクセスなどから守られることが求められます。

4つ目がセキュリティ確保の原則です。AIシステムが悪意のある利用や攻撃から守られるよう、強固なセキュリティ対策が必要です。AIはその利用者を守り、社会全体の安全に寄与することが求められます。

5つ目が市場における公正な競争確保の原則です。新たなビジネス、サービスを創出し、持続的な経済成長の維持と社会課題の解決策が提示されるように、公正な競争環境が維持されなければなりません。

6つ目が、公平性、説明責任、及び透明性(FAT)の原則です。AIの利用によって、人々が、その人の持つ背景によって不当な差別を受けたり、人間の尊厳に照らして不当な扱いを受けたりすることがないように、公平性と透明性のある意思決定をし、その結果に対する説明責任が適切に確保されるようにして、技術に対する信頼性が担保される必要があります。

7つ目がイノベーションの原則です。AIの発展から、人も進化していけるように、継続的なイノベーションを目指すため、産学官民、人種、性別、国籍、年齢、政治的信念、宗教等の垣根を越えて、幅広い知識・視点・発想等に基づき、人材・研究の両面から、徹底的な国際化・多様化と産学官民連

携を推進していきます。
　これらの7つがAIの社会原則を構成しています。

5.6 AIとビッグデータ

　AIにおけるサービスやモノを作る場合には、学習させるための膨大なデータが必要になります。そのデータは我々が生活する中に存在しており、あらゆる膨大なデータをかき集めたものをビッグデータと言います。
　例えば、猫の画像を判定するAIを作りたい場合には、たくさんの猫の画像が必要です。また、猫だけではなく犬や他の動物の画像データも必要です。これらの画像データを一括りにしたものがビッグデータで、そのデータをAIに学習させて、実際に利用する際に猫の画像をAIに判定させると、過去の学習データから入力された画像が猫であるかどうかを数値的に判定し、「猫である」または、「猫ではない」という判定を出力してくれます。ビッグデータは、インターネットの普及によって、多種多様な大量のデータを蓄積できるようになりました。インターネット上には、多くの人たちが作ったWebページのテキスト情報や、画像の情報、音声や動画、などなどビッグデータとして活用したい内容が日々増加し続け、無限にあふれています。これらのデータを大量に学習させて共通性や分析などをすることで、ユーザが入力した内容に対する結果を出力できるようにします。

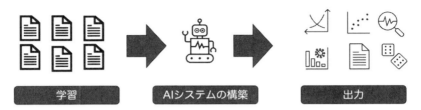

AIを開発しようとする場合、学習させるデータが大量に必要！

これがビッグデータ

5.6.1 ビッグデータを構成する主なデータの種類

　こうしたビッグデータを構成するには、多様なデータが必要です。そのデータの事例を考えてみましょう。ここで挙げるのはあくまでも一例ですが、私たちの身近な行動や行為がデータとして蓄積されています。

　ビッグデータを構成するデータの例としては、SNSで投稿された内容や、Webサイト上のデータ、顧客の情報、ビジネスの現場でのデータや、各Webサイトをどのように利用したかなどの履歴データや、人間などが行き来したセンサーなどのデータも活用されています。これ以外にも日々、多様なデータを取得して、ビッグデータとして活用しています。情報革新が起きて以降、データを収集することや蓄積すること、そしてその結果からAIに活用されて生成することが容易に可能となりました。多様なデータを活用することで、通常とは違う異変の感知や、未来の予測、利用者個人個人に合わせたニーズの把握と、それにともなうサービス提供や、業務の効率化など、新しいアイデアや新しい産業の手助けを創出しています。

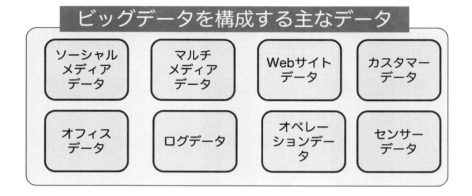

5.7 特化型AIと汎用型AI

　AIには大きく分けて2種類あります。それが特化型AIと汎用型AIです。それぞれのAIについて説明します。特化型AIは、ある特定の領域に特化したAIを指します。例として、画像認識をするAIや音声認識をするAIなどが挙げられます。これらのAIは、私たちの生活にも身近なアプリケーションなどでも利用しています。特化型AIは、ある特定の分野においては、人間以上に技術や知識を持った高性能なものもあります。しかしながら、人間のように柔軟性や総合的な能力は持ち合わせていません。

　一方で、あらゆる分野において網羅したAIを汎用型AIといいます。具体的には、人間のように総合的な能力や判断、処理などができるものが汎用型AIです。

5.7.1 特化型AIの具体的な事例

　特化型AIの事例は前述いたしましたが、具体的な例としては、囲碁をプレイすることに特化したAIのAlphaGoや、画像

認識に特化した Google レンズ、自然言語処理に特化した音声アプリケーションの Siri、掃除に特化したロボットのルンバ、会計を自動でできる無人レジ、自動運転の車などが挙げられます。特化型 AI の多くは、私たちが持っているスマートフォンなどを通して、誰もが簡単に利用できる世の中になっています。ぜひ、さまざまなジャンルの特化型 AI を利用してみましょう。

5.7.2 汎用型 AI について

　汎用型 AI は現状としてフィクションの世界のようなものが想像されます。ドラえもんなどは、わかりやすい例かもしれません。もしも、ドラえもんを実現しようとしたら、画像、自然言語処理などの能力だけではなく、人間の感情や感性など、ありとあらゆる情報の蓄積と、それを処理する機能が必要です。そして、物理的な物体としての実像などが必要かもしれません。

　近年の ChatGPT などをはじめとした生成 AI や、それらを搭載したロボットは、かなり近しい存在になってきつつあるかもしれません。

　しかしながら、人間と同等、または人間を超えるような総合的な能力や判断ができるかといったら、完璧ではないのが現状だと思います。

　しかし、多くの研究者は汎用型の AI の実現と開発に向けて日々研究を行なっているため、今後の発展にも期待したいところです。

5.8 AIにおけるデータの重要性

　AIはビッグデータなどを活用して出力される生成結果を得ることができます。それらのデータには大きく分けて2つの種類があります。1つ目が構造化データです。2つ目は非構造化データです。少し言葉が難しいですが、この2つの違いを一言で言うと、データとして扱いやすいか、扱いにくいかという点で分類しています。

5.8.1　構造化データ

　構造化データとは、Excelファイルの中身のように、行と列が存在した状態で表現されたもののことをいいます。行と列が存在するため、すぐに分析や解析用のデータとして使用ができ、コンピュータにそのデータを蓄積させることができます。このデータの事例としては、皆さんがコンビニやスーパーなどで商品を購入した際の売り上げ情報や、顧客情報などが挙げられます。データの値が数値や記号で表されていることが構造化データの特徴であり、すでに情報が整理されて入っているものだと思ってください。これらのデータは、ファイルまたはデータとして読み込みやすい特性があります。

5.8.2　非構造化データ

　非構造化データは、先ほどの構造化データと違って、行と列などのように、データに規則性がないものを指します。文章などを書いたテキストデータや、写真などの画像ファイル、映像などの動画ファイル、SNSなどでのやりとりのログや、音声ファイルなどが挙げられます。これらのデータは、先ほ

どの構造化データのように、すぐにコンピュータにファイルやデータとして組み込んだり、分析・解析ができません。なぜかというと、先ほどの構造化データのように数値や記号では元のデータが表されておらず、一度データとして分析や解析がしやすいように、中身を成形・修正したりして、整えてあげなければなりません。情報化社会が進展した世界では、確かに多くの情報とデータはあふれていますが、AIに活用する場合にはデータの種類や中身をきちんと確認し、適切なデータの形にしなければならないことが、構造化データと非構造化データから理解できます。

5.9 AIにできること、できないこと

ここでは、AIが得意なことや苦手なことを理解していきましょう。また、AIができることや得意なことを理解することで、人間が行なっていた作業を代替えさせることができ、逆に苦手なことは、これから人間がAIを活用しながら、実施すべきことになります。これからの時代において非常に重要な知識となります。

5.9.1 AIが得意なこと

AIは単純作業やデータの記憶、そして複数のデータから分析をすることなどが得意です。これまで人間が行なってきたこれらの作業は、今後は全てAIに置き換わって実施されていくことが予想されます。また、AIは集めたデータから予測するといったことも得意です。例えば、10年後の日本の人口はどのくらい増減しているか、30年後の地球の平均気温はどのくらい変化しているかなど、データから推測することができ

ます。また、人間は24時間連続で仕事や稼働をすることはできません。しかし、AIは永遠に稼働することが可能です。

　これらAIの得意分野について理解しておくことで、人間にはできないことを効率的にAIに代行させられるように活用していきましょう。

5.9.2　AIが苦手なこと

　さて、AIは万能で全知全能のように感じますが、どのようなことが苦手なのでしょうか。いくつか例を挙げていきましょう。

　1つ目は、合理的ではない作業です。AIはデータとして人間よりも多くの情報があります。ゆえに、最適解をみつけることが得意です。一方で人間は、そのようなことも知識量が増えれば増えるほど得意になりますが、合理的ではないことも行います。例えば、景色を楽しむために、目的地まで乗る電車を特急電車ではなく、普通電車を選んで乗ることなどです。これはAIからすると明らかに時間の観点から合理的ではありません。しかし、人間は合理的ではないが、それ以外の部分で、その時間を楽しむことができます。

　2つ目に、創造的な仕事や作業です。私たちはこれまで何もないところから何かを生み出してきました。0を1にする作業です。しかし、AIはデータがあって初めて学習ができます。よって、現状ないものを生み出すことはまだまだ得意ではありません。

　3つ目に、人の気持ちを汲み取ることや理解することです。人間は相手の立場や状況などによって明らかに正しくないことや合理的ではないことでも、受け入れる場合があります。それは、相手のことを想っての判断や、自分自身の性格に起

因することもあります。一方で、AIの場合は何か特別な個別のパーソナリティを設定してあげない限りは、人間のような相手の気持ちや自身の性格などによって正しくない判定をすることはありません。このような点は人間が持つ特性や強みかもしれません。もちろん、これからの技術革新によっては、現状のAIが持つ弱点は改善されることは想像できますが、どの時代においても人間にしかできない作業には何があるのかということを考えることはとても重要なことですので、忘れずに日々考えてみましょう。

やってみよう！

同じ作業を、自分が行った場合とAIが行った場合では、どのくらい時間の差が生まれるのかを確かめてみよう！

・・・・・・・・・・・・・・・・・・・・・・・・・・・

【例えば・・・】

・日本語の文章の翻訳時間やその精度
・すこし複雑な計算問題
・長文の要約
・特定のテーマに関するレポート作成

〜AIのスピードと精度を実感してみよう！〜

第6章

AI の活用

AI を日常生活で、どのように活用すれば良いかを理解し、実際に使ってみよう！

6.1 AIを活用することの重要性

　AIが人間の知能を超えるなど、さまざまな意見やニュースなどを見聞きすることがあるかと思いますが、私たち人間は、AIをどのようにして活用し、また、AIとどのように共生し、自分の能力を高めていく必要があるのでしょうか。ここでは、AIを活用する場合としない場合を考えてみましょう。

　まず、AIを活用しない従来のままであった場合を考えてみましょう。人間が手作業で多くの処理を行わなければならず、多くの人材と時間が必要になります。たとえば、ミスが許されない経理処理などがいい事例かと思います。

　一方で、AIを活用した場合はどうでしょうか。いままで人間が行なってきた手動作業を、AIに代行させると、自動で処理をしてくれますし、人間が何日もかかっていた仕事を、内容によっては数十秒で完了させてしまいます。もちろんAIを使う上で気をつけるべき点などありますが、AIが人間の代行をすることで、人材や時間を大幅に効率化することが可能となります。

　よって、これからの時代は、AIを活用できる人材こそ、重要になっていくことが理解できるかと思います。それくらいAIの活用は、これからの時代の重要な課題となっているのです。

6.1.1　道具を活用することで進化してきた人間

　AIを活用することがこれからの時代にとって重要であることは理解できたと思います。そこで、よりその重要性を理解するために、これまでの人間の進化には道具の活用が重要であったということを振り返って確認してみましょう。

大昔、人間は動物の骨や木を道具として、情報を記憶しておくことができました。それまで、そのような道具がなく、口頭でしか伝えられなかったことが、メディアとして記憶させることになったのです。そして、月日が経ち、紙や鉛筆といった統一した記憶できる物の道具を発明し、手書きで簡単に記憶させておきたいものを記憶させることを実現しました。また、消しゴムなどができて、自由に編集をすることもできるようになりました。ここまでは、人間がアナログで行う作業ではありますが、骨や木などを使っていた時代から、大きな進化といってもいいのではないでしょうか。
　そして、コンピュータの登場で、物理的なものとしての紙や鉛筆を使わなくても、半永久的に情報を記憶することができました。また、それまで行ってきた計算なども自動で処理できるようになりました。人によって字が綺麗であることや、汚いなどの差もなくなり、統一したフォントで文字を記憶することができるようになりました。そして、これまで人間がアナログで行なってきた作業を、プログラミングという行為によって、自動で行なうことも可能にしました。
　ただし、この自動処理には問題があり、特定の知識や技術がある人（言い換えれば、コンピュータを最大限に活用できる人）でなれれば、そのような自動処理ができないという問題がありました。
　しかしながら、AIの登場で、人間が行なっていたアナログな作業を自動で処理してくれるようになります。特に、さきほどお伝えしたプログラミングなどは、自動でプログラミングに必要なソースコードを生成してくれるAIが登場しており、自分自身にプログラミングの知識がなくとも、自動処理するアプリケーションやシステムを誰もが簡単に作れる時代となりました。

これまでの話からもわかるように、人間は道具を発明し、活用し、自身の能力をさらに高めて進化をしてきています。だからこそ、人間はAIを道具として、いかに活用できるかが今後の重要なことなのです。そのためにもAIの活用方法をきちんと理解しておくことが重要です。今後は、誰もが当たり前にAIを活用して仕事や私生活で使う世の中となります。この本を通して、みなさんもたくさんAIを活用してください。

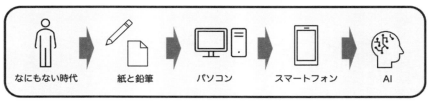

紙と鉛筆　→　自由な読み書きが可能！
電子機器　→　デジタル環境で無限に作成可能！
AI　　　　→　自動で無限に生成が可能！

6.2　AIと人間の共生を考える

　私たちは、どのようにAIと共生する必要があるのでしょうか。それを考えた上で、改めてAIの特性を理解する必要があります。AIは簡潔に言えば記憶することや分析すること、ルーティン作業などは得意です。つまり、このような作業を人間がAIよりも早く正確にやろうとすることは不可能だと考えていいと思います。このような作業は、人間ではなくAIにやってもらおうと考えることが、これからの時代は妥当な考え方です。
　一方で、AIが不得意なこととして、人間の感情をうまく読み取ることや、全くベースのないものを0から1として作り

出すような作業は苦手です。画像生成などは、1となる学習データがたくさんあるからこそできることであって、まだないことを考え、想像し、実現することは現状として苦手で、人間がAIに勝る部分です。

よって、今後は、このような作業に多くの時間をかけて、人間にしかできないことに、付加価値をつけていくことが大切です。

以上のことを踏まえて、これから私たち人間は、まだ世の中にないものを生み出すような創造性の追求を行い、そのための補助やアシスタントとしてAIを活用していくことが効率的で現代的な方法だといえます。

一方で、これまで人間が多くの時間をかけてきた作業の大半をAIに代行していき、その空いた時間をさらなる新規性のあるアイデアや、生活に革命的なモノを作り上げていくことが求められます。AIとの共生という部分では、まだまだ戸惑う人もいるかもしれませんが、現状と未来を考え、AIを最大限に活用することで、すばらしい共生ができ、今以上に自分自身を高めることが可能になります。

6.3 生成AIの代表例

ここでは、世の中で使われている代表的な生成AIについて説明していきます。生成AIは、いくつかのジャンルに分けられます。テキスト生成AI、画像生成AI、音声生成AI、動画生成AI、などに分類されます。それぞれの生成AIについて理解していきましょう。

6.3.1 テキスト生成 AI

　テキスト生成 AI の代表的なものとして OpenAI が開発した ChatGPT が挙げられます。ChatGPT は 2022 年 11 月に無料でリリースされましたが、これを機に世界中で AI という言葉が現実的で先端的な情報革新であることに人々は気付いたといっても過言ではありません。その後、多くの IT 企業からテキスト生成 AI がリリースされています。主なものとして、Google が提供している Gemini や、Microsoft が提供している Copilot などが代表的なものです。それ以外にもテキスト生成の AI サービスはたくさんあります。このテキスト生成 AI は ChatGPT を筆頭に、世界に衝撃と新しい未来を提示しました。人間がどのように AI と関わっていき、活用していくのかが現在も問われています。

6.3.2 画像生成 AI

　画像生成 AI は、ユーザが作成して欲しい画像をテキストで入力すると内容に沿った画像を生成してくれるものです。また、画像自体をアップロードし修正や近似した画像を生成してくれるなどの活用方法もあります。代表的なものとして、Stable Diffusion や、Adobe Firefly、ImageFX、DALL-E 3 などがあります。
　これまでは、イラストなどは自分で描いて作らなければいけなかったですし、写真は自分が撮らなければいけませんでした。しかし、画像生成 AI の登場により、だれもが高品質な絵やイラスト、写真を手軽に生成することができる時代となりました。
　一方で、画像生成 AI を活用して出力されたさまざまなコン

テンツについて、著作権に関する問題があります。画像生成AIは、過去に人間が作成した多くの画像を学習し、現在のAIサービスやシステムが構築されています。そのため、それらの画像を自分の意図しない形で学習に使われてしまったり、自分自身で一生懸命作成したイラストなどを自分の意図とは別に勝手に学習対象にされてしまうなどの問題が起こっています。よって、これらのサービスを使用する際は、サービス提供者が公開している著作権に関する取り扱いなどについてよく確認をする必要があります。また、イラストなどを作成する場合は、どのようなプラットフォーム上で作成をするのか、どのような場所に自分が作成したものを公開するのかなどをよく確認し、自身の著作物が学習される可能性を確認しておくことが、これからの時代は必要です。

6.3.3 音声生成 AI

　音声生成 AI は、自分が作りたい音や、実在する人物の声を使って指定したテキスト内容を音声で出力してくれる AI のシステムやサービスです。テキスト内容から人間に近い音や、実際に作成された音楽などを生成する機能のため、さまざまな音声データを AI に学習させることで実現しています。

　代表的な音声生成 AI としては、楽曲を作成するものであれば Google が提供している Music FX などは手軽に音楽作成を体験することができます。一方で、テキスト入力から人間の声を生成するサービスとしては、CoeFont という音声生成サービスがあり、皆さんも知っている芸能人や声優さんの声を自分が入力した内容で声を生成してくれます。

　音声生成 AI は、今後ますます活用されることが予想されます。その理由として、テキストを読み上げるだけではなく、

多言語化することで言語的な障壁を取り除き、自身の伝えたい内容を世界中の人に発信するためのツールとして使用することができるからです。また、音声を生成するだけではなく、喜怒哀楽といった感情によって表現を変え、多くの音声から声帯の模範も可能になります。このように、多くの機能や活用ができるため実際に存在する人間の声とそっくりの話し方や音を生成するため、とても利便性が高く多様な活用方法が期待されます。音声を聴く側のユーザが、その声自体が本物であるか偽物であるかを判断することが非常に難しいほど、性能が日々上がっています。生成 AI によって作られた人間の音声と実際に人間が話している声がわかりにくくなっているため、これらを悪用した犯罪などに気をつける必要があります。

6.3.4 動画生成 AI

近年、映像においても手軽に生成する技術が発展しています。画像生成の場合は静止画ですが、映像生成は連続した動きを作り出すため、手軽で簡単に使えるサービスなどはあまりありませんでした。また、生成するまでに多くの時間を要するなど問題もありました。このような問題を解消したシステムを 2024 年 12 月に OpenAI がリリースしました。そのシステムは Sora というもので ChatGPT 同様にテキストを入力するだけで、内容に沿った映像を生成してくれます。また、その映像の質がとても高く、実際に撮影されたような映像と見間違えるほどです。今後ますます動画生成 AI の技術革新が起こることが予想されます。

代表的な動画生成 AI のサービスとして、Sora 以外には、Adobe Firefly、Runway、FlexClip、invideo などが挙げられます。

動画生成 AI の中には、テキストを入力するだけで 30 秒〜1 分程度のプロモーション映像をナレーション付きで生成してくれるものなどもあります。しかし、先ほども記述した通り、生成までに多くの時間がかかることや、映像の質が低いなどの問題点があることが分かっています。Sora の登場により、映像に映っている人やモノが実在する映像だと錯覚するようなコンテンツが今後ますます増えてくることでしょう。こちらも活用方法はさまざまありますが、映像を観る側のユーザは、映っている映像が本物の映像なのか、偽物の映像なのかをきちんと判断し、取捨選択をしながら視聴していき、IT リテラシーが試される時代となっていきます。

6.4 さまざまな分野で活用されている AI の事例

　AI を活用することが当たり前となった現代において、多くの分野で AI が実践的に活用されています。この章では、分野ごとに具体的な AI の活用事例を挙げていきます。あくまでもここで紹介するのは一例であり、多岐にわたるさまざまな分野で AI が活用されていることを想像し、理解してください。

6.4.1 医療の分野における AI の活用

　ここでは、医療の分野で活用されている AI の事例を紹介していきます。医療の分野では、地域による医療従事者の格差や、医者一人の業務量などさまざまな解決すべき問題があります。その中でも、病気の早期発見という点で、最近ではレントゲンなどで撮った画像のビッグデータを、大量に AI に学習・分析させ、新たにレントゲンを撮った患者の画像から、病気の異変や異常を検知するというものがあります。これに

より、早期発見につながるような医者の判断をサポートしてくれる活用がされています。このような AI の活用によって多くの命が救われています [17]。

6.4.2 小売業界の分野における AI の活用

2 つ目としてあげるのは、小売の分野です。小売業では従来までレジを担当する従業員に客層などをボタンで選択させて、そのデータを分析することなどを行なってきました。そして、その分析結果をマーケティングに活用し、新商品の開発などにつなげていました。これらのデータを処理するためには、データ分析に関する知識を持った人材が必要でした。

しかしながら、従来のような膨大な顧客の購入履歴データを POS システムによって取得し、その大量の履歴をビッグデータとして AI に分析させることで、これまで多くの時間と人材をかけて行なってきたマーケティングの分析などを、大幅に短縮させ、効率的に結果を出せるようになっています。そのため、即時に年齢層や購買履歴から商品の関連性などもわかり、より顧客の満足度や購買意欲に訴求することが可能となりました [17]。

6.5 AI を活用したサービスや製品の事例

ここまで AI に関する基礎的な話や具体的なサービスと、機能について説明をしてきましたが、ここでは実際に AI を活用した製品などをいくつか紹介していきたいと思います。

6.5.1 採用選考に活用される AI

企業の採用選考には多くの時間とコストがかかります。こ

れらの問題を解決するためにAIが活用されています。一つの事例を挙げると、通信大手のソフトバンク株式会社では、これまで就活生や採用希望者のエントリーシートを、人事や採用担当がアナログで確認しており、時間とコストがかかっていました。そこで、IBMが提供するワトソンというAIサービスを導入したことで、エントリーシートの自動評価や、オンラインによる動画面接などの評価を、AIが代行して評価させることで業務の効率化を実現しました[18]。

　これからの時代は、人間が人間を面接し採用を行うだけではなく、AIに採用基準を定義させ、特定の条件によって取捨選択させることが当たり前になるかもしれません。

　予想されることとして、書類選考や1次面接などは、人対AIといった構図も当たり前になってくるのかもしれませんね。

6.5.2　セキュリティサービスに活用されるAI

　次に、セキュリティーサービスとAIを掛け合わせた事例を挙げます。株式会社アジラが提供する監視カメラとAIを融合した事例です。この製品は、防犯カメラの映像データをAIが解析し、自ら学習をした上で、特定の条件に対して異常検知を行った場合に、すぐに適材適所に通知や連絡をしてくれるというものです[19]。

　従来は、カメラは防犯のために設置されていましたが、何かあった場合は後日、人間が状況を確認するなどしており、即時的な防犯対策ができにくい問題点がありました。しかし、このAIに過去の映像データを学習させて異常検知の発生条件を付加してあげることで、リアルタイムでの異常検知を行い通報することが可能になります。これにより、迅速な防犯

対策を AI やデータを活用することで実現しました。

6.5.3 カスタマーサービスに活用される AI

次に、カスタマーサービスで活用されている AI の事例を紹介します。ここでは、主にコールセンターでの活用事例を挙げます。コールセンターは、顧客から質問などを受け付ける場所で、従来、電話による対応を行なっていました。

しかしながら、電話対応には対応する人材が必須の課題でした。そのため、電話がつながりづらいなどの問題も起きていました。それを解消するために AI サービスを導入した事例があります。モビルス株式会社が提供する「MOBI VOICE」は、顧客からの電話に対して一次対応を AI に代行させ、内容によってメールやショートメッセージでの回答や、必要な書類発行手続きへの移行、実際のコールセンターへの引き渡しなどの分岐と対応を行ってくれるサービスです[20]。現状として 1 次対応のため全てを AI が代行してくれるわけではありませんが、質問の程度や内容によって、実際の人ではないと対応できないことなのか、そうではないのかを判定し対処してくれます。このサービスを導入した、株式会社 SBI 証券は自動応答での対応によって一対応あたりのコストを約 48％ も削減することに成功しています[20]。

紹介したサービスは一例ですが、コールセンターの業務は、これまで人間が対応するのが当たり前でしたが、これから技術の発展によっては、完全に AI によって対応が完了できる未来が来るかもしれません。

6.6 AIを活用する上で気をつけることとは？

　AIサービスは非常に利便性も高く、これからどんどん身近な存在になっていきます。しかしその反面で、これらのサービスにおける危険性がいくつかあります。また、それはさまざまな立場によって違います。この節では、AIサービスの危険性について説明し、「利用者」「AIサービス提供会社」そして「社会」という3つの枠組みから考えていきたいと思います。

6.6.1 利用者の立場から考えるAIサービスの危険性

　はじめに、利用者の視点から危険性について考えていきたいと思います。ChatGPTなど多くのAIサービスは、任意のメールアドレスなどを持っていれば利用者は、簡単にアカウントを登録し、サービスを利用することができます。それくらい手軽に高度なサービスを利用できますが、危険性も、もちろんあります。ここでは主に3つのことについて言及します。

　1つ目は、AIサービスで取得した情報がすべて正しい情報と考えてしまうことは非常に危険です。

　例えば、ChatGPTなどの生成AIは、無料版と有料版では学習データの量など、利用範囲に違いがあります。また、学習した時期などにも違いがあり、時事問題やリアルタイム性のともなう事象などで学習されていないデータがある場合も考えられます。

　しかし、利用者が上記のような内容を知らずにAIサービスによって質問すると、AIは実際の回答がわからなかったり、誤っていても、それ以前に学習したデータから、あたかも正

しいような回答を作り出してしまう場合もあります。よって、生成されたもののダブルチェックなどが必要です。

2つ目は、自身が所属する会社や組織の機密データや情報を、誤ってAIサービスに記憶させてしまうと、その内容が学習されてしまい、情報が漏洩してしまう可能性があります。最近のAIサービスでは、入力した内容を学習しないように設定できるものもありますが、それらの情報や、やり方を知らないと、いつの間にかに自分が情報漏洩をしてしまっているかもしれません。このような点は、十分に気をつけましょう。

3つ目は、著作権侵害についてです。特に画像や動画などの生成AIサービスにおいて、サービス提供者が商業利用可能としていても、出力された内容が他社の権利を侵害していないかどうかは保証されていません。著作権や、商標権、肖像権などなど、さまざまな権利に十分気をつけて活用する必要があります。

6.6.2 サービス提供者の立場から考えるAIサービスの危険性

次にサービス提供者の視点でAIサービスを提供する場合の危険性を考えてみましょう。

1つ目は、法令違反をしていないかどうかです。日本の法律では、学習段階での著作物は、著作者の利益を不当に害する場合を除き、合法となっていますが、EU(欧州連合)などでは、AI規制法案が可決されており、対象国だけに適用されるだけではなく、国外も対象範囲となっています。このように、日本の法律だけでなく、世界各国の法令それぞれによって法令違反となる場合もあることから、慎重な対応が求められます。

2つ目は、学習させる際に使うデータの取り扱い方です。データを学習する際にインターネット上のデータを安易に使用すると、著作権等を侵害してしまい、不当に学習された側の企業などから訴えられる場合があります。学習に利用するデータはその条件や規約を確認する必要があります。

3つ目は、サービス提供において何か問題が発生した場合には、ネガティブな印象が持たれ、その企業のブランド価値が低下してしまう点です。信用や信頼が低下し、企業自体に大きな影響を与えてしまうため、慎重な対応が必要となります。

4つ目は、コンピュータウイルスや不正アクセスなどのサイバー攻撃を受ける場合もあるため、強固なセキュリティ対策も必須です。

5つ目は、悪意のあるユーザがいた場合に、プロンプトの入力などで、提供側があらかじめ制限している内容を解除してほしいむねをAIに伝えて、勝手にシステム上で解除され、不当な利用がされてしまう行為があります。これは、「プロンプトインジェクション」と呼ばれており、問題となっています。これらの対策についても、提供者側は求められます。

6.6.3 社会全体の立場から考えるAIサービスの危険性

最後に、社会全体の視点からAIサービスの危険性を考えてみましょう。

1つ目は、社会における犯罪への悪用と、その行為の簡略化が懸念されます。どの時代も、新しい技術は犯罪に悪用されてしまいますが、AIも例外ではありません。例えば、悪意のあるコンピュータウイルスの作成が一瞬で作成されてしまうなどのリスクがあります。

2つ目は、誤情報の拡散です。ユーザ利用での問題と重なりますが、誤った情報が真実であるというような誤解を招く可能性があります。また、最近ではディープフェイクというものも問題になっています。これは、実際には存在しない映像や音声が AI によって簡単に作成できてしまうことから発生する新しい問題です。これらを使用した誤情報の拡散などの懸念も考えられます。

3つ目は、権利侵害についてです。あらゆる生成物が学習される対象になってしまうため、今後の社会ではこれらの対策も必須です。

6.6.4　AI サービスによる実際のトラブル事例

この章では、AI サービスが運用される中で、実際に問題となった事例を2つ挙げていきます。

1つ目は、アメリカの大手新聞社のニューヨークタイムズが OpenAI とマイクロソフトを訴えたという事例です[21]。ニューヨークタイムズの記事内容が、許可されていない状態で AI 開発の際に学習され、利用されていることから、2社に対して訴訟を起こしました。被害額も日本円で数千億円以上とのことから、膨大な被害があったことが予測できます。新聞は貴重なメディアの一つであり、新聞記事などは企業の労力によって取得された情報でした。しかしこれらの情報を一瞬で AI の活用で学習され、使われてしまっているのが、現状であり、このような騒動が起こっています。

2つ目は、日本で起きた事例です。日本も AI サービスの問題は例外ではありません。日本の声優の声が、不当に無断使用され、学習の対象となっていることに、反対声明が出されました[22]。この件については、声優の著作権だけでなく人格権（人声権）の侵害についても訴えています。なお、今挙げ

た事例は氷山の一角でしかありません。これまでも、そしてこれからも多くの問題やトラブルが発生することは予想されます。ですが、新しい技術にはこういった問題などは必ず起こります。世の中でAIを問題なく使用できるようにするためにも、ルールや定義などを作成し、活用することが今後の社会で求められます。

やってみよう！

挑戦！

画像生成 AI を活用して、自分の好きな曲のタイトルを入力し、どのような画像が生成されるかをやってみよう！

この画像は Adobe Firefly で「きらきら星」と入力した際に生成された画像の実例です。

第7章

これからの AI について

AI は今後どのように発展していくのかを、これまでの知識を交えて考えてみよう！

7.1 汎用人工知能(AGI)は実現するのか？

　この本の中でも度々登場している ChatGPT を開発した OpenAI は、汎用人工知能(Artificial General Intelligence)の開発に向けて 5 段階のロードマップを作成し、研究・開発を行っています[23]。この本でも取り上げていますが、汎用型の人工知能は人間を超越し、あらゆる取捨選択や処理を行うことができる AI です。一番わかりやすいイメージで言えばドラえもんや鉄腕アトムといった SF の世界で登場するキャラクターです。いまから数十年前の世界では、このような話をしても、誰もが鼻で笑ってしまうような社会だったかもしれません。

　しかし、今この本を読んでいるあなたも、AI に関することを知り、触れることで、これらの非現実的だったことが、実現されていくのではないかと考えているのではないでしょうか。そういった中で、OpenAI だけでなく世界中の企業が、今まさにこの汎用人工知能の開発に向けてさまざまな視点や角度で AI を開発しています。

7.2 競争が激しい AI の世界

　この本をみなさんが読んでいる時には、もしかしたら今以上に革新的な AI のシステムやサービスが登場しているかもしれません。2025 年 2 月現在では、ChatGPT が動画生成 AI をリリースし、テキスト生成 AI においては ChatGPT o3-mini や o3-mini-high がリリースされ、推論や高度なコーディングを行うことができる生成 AI が開発されています。一方で、中国のスタートアップであるディープシークが ChatGPT に勝るような生成 AI をリリースしています[24]。これ以外にも、競合他社が技術競争を常に行っています。

AI に関する主な話題は生成 AI に関することが多くなっていますが、その焦点となるのは、AI 開発における課題とその解決方法です。具体的には、AI のシステム開発には高額な資金が必要でしたが、ディープシークは、コストを抑えて ChatGPT と同等の AI の開発に成功しています。
　一方で、その開発や過程においては多くの研究者や団体、国において議論はありますが、結果としてコストを下げて高度な AI システムを開発できたことは事実です。このように、AI においての問題点などを、技術が発展していくことで解決されていき、より高度で利便性が高く、性能の良いものが生まれていきます。そのスピードは、目まぐるしく、企業間の競争はますます激しくなっていきます。

7.3　AI の未来

　AI が人間の知能を超える境界のことをシンギュラリティと呼んでいます。一般的には 2045 年に、その境界点がくるといわれています[17]。よって、そう遠くない未来で、AI が人間の知能を超えることは間違いないです。その中で、AI はどのように発展していくのでしょうか。その一つとして、7.1 節でも記載した汎用人工知能が作られていくでしょう。そして、汎用人工知能をロボットなどのハードウェアに組み込むことで、人間以上に優れた機械がたくさん製造されることとなります。このような社会で、私たち人間はどう生きて、どのように AI と共生していくかが問われる時代になってきます。
　また、現在は生成 AI を筆頭に、私たちの生活が便利になることや、いままで膨大な時間をかけて行っていた作業が AI によって一瞬で処理できるといったことが焦点となっていますが、今後の AI の未来としては、人間がいかに AI を使って自

身の身体や知能、意思決定といった能力を向上させるかといったことが重要なことになっていくでしょう。今、私たちは身近に AI のサービスを使っていますが、仕事や課題解決など、多岐にわたることについて使いこなせている人は、あまりいません。ですが、これから先、もっと AI が身近になり、活用することで自分自身の知識や技術などが高められるようになれば、私たち人間のさらなる進化に関係していくのではないかと考えます。皆さんも、日々進化する AI を恐れずに積極的に使用しながら、自分の能力を今以上に高めるにはどうすれば良いかなどを考え、活用してください。

7.4 私たちがこれから考えることとは？

　ここまで情報に関するさまざまなことについて説明をしてきました。また、AI に関する基礎から発展的な話もしてきましたが、これら先端技術において大切なことは、まず知ることです。そして、知っているだけではなく、それを使ってみることが大切です。もっといえば、いち早く使ってみることが大切かもしれません。この本でも取り上げている AI についても、さまざまなシステムやサービスが私たちの身の回りに普及していますが、それらを使ったことがない人と、使ったことがある人とでは、経験的な差が生まれてしまいます。もちろん、これからの社会では、AI だけではなく、予想もできない革新的な情報技術が、次々と生み出されていくでしょう。これからの時代は、そのような新しい技術の情報を誰よりも早く取得し、誰よりも早く使うことが求められる時代となります。新しい時代の、新しい技術を恐れずに、自分を高めるためにどう活用することが一番良いのかを考え、取り入れながら情報技術と共生していきましょう。

考えてみよう！

AIに私たち人間の仕事は奪われてしまうのでしょうか？
奪われてしまう仕事はどのようなものなのでしょうか？
人間にしかできない仕事は残されているのか？
具体的に考えてみましょう！

【考える上でのヒント】

昔々、手軽に計算ができなかった時代に、「計算手」という職業の人たちがいました。この職業は、難しい計算をミスなく正確に結果を出す仕事でした。しかしながら、コンピュータができたことで、ミスなく正確に、人間よりも早く、結果を出してくれることがわかり、この職業は廃業となってしまいました。ですが、コンピュータを使える人材が必要になり、新たな職業も生まれました。AIの時代でも同じことが起こるかもしれません。

索 引

数字・アルファベット

5G 16
Adobe Firefly .. 64, 66
AI 2, 3, 5, 18, 42
AIサービス .69, 70, 71
AIサービス提供会社
.... 71
AIの社会原則 50
AIブーム 42
AIロボット 22
AI開発 46, 74
AI規制法案 72
AI事業者ガイドライ
ン 12
AI社会原則 48
AI制度 12
AI法案 13
AlphaGo 45, 52
Apple 47
Artificial General
 Intelligence 78
Artificial
 Intelligence .. 3, 42
ChatGPT
 10, 53, 64, 66,
 71, 78
CoeFont 65
Copilot 64
COVID-19 24
DALL-E 64
EU 12, 13, 72
FlexClip 66
Gemini 64
Google 64, 65
Googleレンズ 53

IBM 69
ImageFX 64
Internet of Things .. 4
invideo 66
IoT
 2, 4, 5, 16, 18,
 47
iPhone 47
ITリテラシー 67
Microsoft 64
MOBI VOICE 70
Music FX 65
OpenAI
 .... 64, 66, 74, 78
PC 2
Ponanza 45
POSシステム 68
Runway 66
SBI証券 70
SF 78
Siri 47, 53
SNS 11, 27, 28, 51
Society1.0 19
Society2.0 19
Society3.0 19
Society4.0 19
Society5.0
 12, 19, 20, 24,
 25, 48
Sora 66, 67
Stable Diffusion ... 64
VR 19
well-being 20

あ

アイデア 63

悪意のある情報 34
悪意のある第三者 ... 32
アクセス 32
アクセス権限 39
アクセス制御 33
アクセスログ 33
アシスタント 63
アジラ 69
アップロード 64
アナログ 61
アプリケーション
 .... 25, 52, 61
誤った情報 11
アラート 34
アラン・チューリング
 42
アルゴリズムバイア
 ス 26, 27
暗号化 . 33, 34, 35, 36
暗号鍵 36
意思決定 49
一般データ保護規制
 (GDPR) 13
イノベーション
 .... 13, 22, 49
イノベーション政策
 20
イノベーションの原
 則 49
イラスト 65
インターネット
 ...... 16, 17, 24, 35
引用 39
ウイルス 32, 33
ウェブサイト 39
映像データ 69

エキスパートシステ
　ム 43
エネルギー問題 11
演算処理 11
エントリーシート ... 69
欧州連合 72
オートメーション化
　 18
お掃除ロボット 3
音声アプリケーショ
　ン 53
音声生成AI 63, 65
音声対話 47
音声対話機能 3, 47
音声認識 52
オンライン 69
オンライン学習 ... 24
オンラインショッピ
　ング 17, 35

か

改ざん 39
ガイドライン 9
外部攻撃 11
拡散 11
学習対象 65
学習データ 71
革新技術 21
カスタマーサービス
　 70
仮想空間 19
仮想現実 19
画像処理 44
画像生成 63, 66
画像生成AI .63, 64, 65
仮想通貨 16
画像認識 52, 53
画像認識アルゴリズ
　ム 27

画像認識コンテスト
　 44
偏り 38
家電製品 47
可用性 33
監視カメラ 69
完全情報ゲーム 45
完全性 33
機械学習
　3, 24, 38, 44, 45,
　46
技術革新 ... 46, 48, 66
気象制御 22
基本原則 48
機密性 33
機密データ 72
教育・人材育成
　 .... 21, 24
教育・リテラシーの原
　則 49
強靭性 20
クレジットカード ... 35
クロード・シャノン
　 42
グローバル 16, 29
グローバルリーダー
　シップ 13
研究開発と
　Society5.0との橋
　渡しプログラム
　(BRIDGE) 20
工業社会 19
構造化データ ... 54, 55
購入履歴 68
購買意欲 68
購買履歴 68
公平性
　 .... 12, 26, 38, 49

公平性、説明責任、及
　び透明性(FAT)の
　原則 49
コールセンター 70
顧客の満足度 68
誤情報の拡散 74
個人情報
　10, 33, 34, 35,
　49
個人認識番号 35
コスト 70, 79
コミュニケーション
　 .... 2, 48
コンテンツ 67
コンピュータ
　 .... 2, 17, 18, 42
コンピュータウイル
　ス 73

さ

サーバ 11
サーバ運用 34
サービス提供 38
サービス提供者 65, 72
サイバー空間 19
サイバー攻撃 73
採用基準 69
採用選考 68
サステイナブル 22
差別 26, 49
サポート 68
ジェンダー 26
事業環境整備 21
時事問題 71
市場における公正な
　競争確保の原則 .. 49
システム稼働 34
システムの監査 33
自然言語処理 ... 44, 53
持続可能性 20

自動運転 3, 5, 47
社会 71
社会課題解決 21
終焉 43
出力層 46
狩猟社会 19
商業利用 72
肖像権 72
商標権 72
障壁 43
情報格差の解消 9
情報化社会
　16, 19, 32, 38,
　55
情報セキュリティ
　................. 32, 34
情報の正確性 27
情報リテラシー 13
情報倫理 ..8, 9, 10, 13
情報漏洩 72
ショートメッセージ 70
書類選考 69
書類発行手続き 70
ジョン・マッカーシー
　....................... 42
人格権 74
シンギュラリティ... 79
神経細胞 46
人工知能 3, 42
人材育成 21
新事業創出 21
深層学習 44, 46
信憑性 28
推論 43
スタートアップ 78
スタートアップ創出 21
スマートシティ 21, 23
スマートシティ官民
　連携プラットフォ
　ーム 23

スマートフォン .. 2, 47
静止画 66
生成AI
　10, 53, 63, 71,
　78
生成AIサービス 72
セキュリティ 9, 11
セキュリティーサー
　ビス 69
セキュリティ確保の
　原則 49
セキュリティ対策
　................... 49, 73
セキュリティ番号... 35
先端技術 80
専門領域システム... 43
戦略的イノベーショ
　ン創造プログラム
　................... 20, 21
総合知 21, 23
ソーシャルネットワ
　ーキングサービス . 2
ソースコード 61
ソフトウェア 33
ソフトバンク 69

た

ダートマス大学 42
第1次AIブーム 42, 44
第1次産業革命 16
第2次AIブーム
　................... 43, 44
第2次産業革命 17
第3次AIブーム 45
第3次産業革命 17
第4次産業革命
　.......17, 18, 24, 25
第6期科学技術・イノ
　ベーション基本計
　画 20

対話型 10
多言語化 66
多層化 44
多層化構造 46
探索 43
チェス 42
知的財産権の保護 9
中間層 46
著作権 65, 72, 73
著作権侵害 72
ツール 66
ディープシーク 78, 79
ディープフェイク ... 74
ディープラーニング
　........... 44, 45, 46
定理証明 43
データ駆動型社会
　................... 25, 26
データサイエンス 3, 25
データサイエンティ
　スト 4
データの悪用 49
データの改ざん 39
データの活用 24
データの識別 46
データの収集 38
データの盗用 39
データの保護 11
データバイアス 26
データ倫理 38
データを保護 13
テキスト生成AI 63, 64
デジタル空間 24
デジタル署名 33
電子決済 16
動画生成AI 63, 66, 78
動画面接 69
統計学 3, 45, 46
透明性 49
透明性の確保 38

匿名加工情報 34
特化型AI 52, 53
トラブル 75

な

内閣府 19
ナレーション 67
偽の情報 11
日本人工知能学会... 43
日本ロボット学会... 43
ニュースサイト 28
ニューヨークタイムズ 74
ニューラルネットワーク 46
入力層 46
ニューロン 46
人間中心のAI社会原則 48
人間中心の原則 48
人間中心の社会 19
ねつ造 38
ネットショッピング 3, 35, 47
ネットワーク . 2, 4, 18

は

バージョン管理..... . 33
バーチャルリアリティ 19
ハードウェア 79
バイアス 12
配膳ロボット 5
パスワード 33, 34, 35, 36
パスワードで保護... 33
バックアップ 33
汎用型AI 52, 53
汎用人工知能 ... 78, 79

非構造化データ 54, 55
ビッグデータ 2, 3, 18, 25, 50, 54, 67
ビットコイン 16
人声権 74
誹謗中傷 9
ファミリーレストラン 48
フィジカル空間 19
フォント 61
復号 36
復号鍵 36
不正アクセス 11, 49, 73
不正行為 38
不正なアクセス 36
不正ログイン 37
不適切な情報の規制.. 9
フュージョンエネルギー 22
プライバシー 9, 10, 11, 13
プライバシーの保護 9, 38
プライバシー保護の原則 49
プラットフォーム... 65
ブランド価値 73
プレゼンテーション 39
プログラミング .. 3, 61
プロセス 12
ブロックチェーン... 16
プロモーション 67
プロンプト 73
プロンプトインジェクション 73
ヘッドマウントディスプレイ 19
偏見 26

変更履歴 39
防犯カメラ 69
防犯対策 69
法令違反 72

ま・や・ら・わ

マーケティング 68
マイクロソフト 74
マイナンバーカード 35
ムーンショット 22
ムーンショット型研究開発制度 22
無断使用 74
メール 70
メールアドレス 71
メディア ... 16, 25, 28
メンテナンス 33
モニタリング 33
ユーザ 64
予測 46
リアルタイム ... 69, 71
リカバリ 33
リテラシー 34, 49
利便性 13
量子コンピュータ... 22
利用者 71
利用履歴 25, 37
倫理 8, 38, 48
倫理的 38
ルンバ 53
レポート 39
レントゲン 67
漏洩 72
ロボット 2, 4, 5, 47, 48, 79
ワトソン 69

参考・引用文献

1) 保科学世，鈴木博和: 責任ある AI:「AI 倫理」戦略ハンドブック，東洋経済新報社（2021）
2) 総務省，AI 事業者ガイドライン，
https://www.soumu.go.jp/main_content/000943395.pdf
3) GDPR（General Data Protection Regulation: 一般データ保護規則），https://eur-lex.europa.eu/eli/reg/2016/679/oj
4) Artificial Intelligence Act(AI 法案)，
https://digital-strategy.ec.europa.eu/en/policies/regulatory-framework-ai
5) 郭 四志，産業革命史 ――イノベーションに見る国際秩序の変遷，筑摩書房（2021）
6) 内閣府，"第 4 次産業革命のインパクト"，
https://www5.cao.go.jp/keizai3/2016/0117nk/n16_2_1.html
7) 内閣府，Society5.0, https://www8.cao.go.jp/cstp/society5_0/
8) 内閣府，戦略的イノベーション創造プログラム（SIP: エスアイピー），https://www8.cao.go.jp/cstp/gaiyo/sip/index.html
9) 内閣府，研究開発と Society5.0 との橋渡しプログラム（BRIDGE），
https://www8.cao.go.jp/cstp/bridge/index.html
10) 内閣府，ムーンショット型研究開発制度，
https://www8.cao.go.jp/cstp/moonshot/index.html
11) 内閣府，スマートシティ，
https://www8.cao.go.jp/cstp/society5_0/smartcity/index.html
12) 内閣府，総合知, https://www8.cao.go.jp/cstp/sogochi/index.html
13) 内閣府，教育・人材育成ワーキンググループ，
https://www8.cao.go.jp/cstp/tyousakai/kyouikujinzai/index.html
14) ハワード ラインゴールド，日暮雅通（訳），新・思考のための道具 知性を拡張するためのテクノロジー その歴史と未来，パーソナルメディア（2006）
15) 我妻幸長，あたらしい脳科学と人工知能の教科書，翔泳社（2021）
16) 内閣府，人間中心の AI 社会原則，
https://www8.cao.go.jp/cstp/ai/aigensoku.pdf
17) 鳥海不二夫，石井英男: ビジネス教養として知っておくべき AI，ソ

シム株式会社（2024）
18) ソフトバンク株式会社 HP,"新卒採用選考における動画面接の評価に AI システムを導入〜より客観的かつ統一された軸での評価を実現〜",
https://www.softbank.jp/corp/news/press/sbkk/2020/20200525_01/
19) 株式会社アジラ HP, https://jp.asilla.com
20) モビルス株式会社 HP ,https://mobilus.co.jp
21) インターネット白書編集委員会, インターネット白書 2024　AI 化する社会のデータガバナンス, インプレス（2024）
22) 『NOMORE 無断生成 AI』有志の会 HP, http://nomore-mudan.com
23) OpenAI HP, https://openai.com/news/
24) DeepSeek HP, https://www.deepseek.com

著者紹介

藤田光治（ふじた こうじ）

東洋英和女学院大学人間科学部　講師

2025 年 4 月 18 日　　　　　　　初 版　第 1 刷発行

リベラルアーツで学ぶ情報倫理
大学生が知っておきたい AI の基礎知識

著　者　藤田光治　Ⓒ2025
発行者　橋本豪夫
発行所　ムイスリ出版株式会社

〒169-0075
東京都新宿区高田馬場 4-2-9
Tel.03-3362-9241(代表)　Fax.03-3362-9145
振替 00110-2-102907

ISBN978-4-89641-335-9　C3055